TRAVELER'S
旅人筆記本品牌誌
notebook

TRAVELER'S COMPANY 著

哲彥 譯

Leica
ERNST LEITZ GmbH
WETZLAR GERMANY
DEPARTURE

這本筆記本全盤接受，
並肯定你的創造力、冒險心和日常。
每天都是全新的一頁。
感覺自己能前往任何想去的方向。

特に2021年の西村園内ダイアリーの前半は繁忙期間大変だったし、後半にいいことも多いんだろうな。うまくいったらいいなと思う。

無論開心的事，
或有點難過的事，
只要一一記在筆記本裡。

當某天回顧時，
那一頁、那一行，
都會成為珍貴的寶物。

有時，
筆記本就像是
過去的自己和未來的自己的接力棒。

10th
ANNIVERSARY
of
TRAVELER'S
notebook
Keep on moving with
TRAVELER'S notebook
and a free spirit
TRAVELER'S
COMPANY
JAPAN

人生有多長，筆記本就有多多。
正因為沒有完全相同的筆記本，
所以才有趣。

每一本筆記本都有著美好的容顏。

與筆記本同行，刻畫美好時刻。

Contents

1. What is TRAVELER'S notebook?

了解TRAVELER'S notebook旅人筆記本

2. Users' notebook style

與TRAVELER'S notebook 旅人筆記本同行的精采日常

3. Factory & Artisan

TRAVELER'S notebook
旅人筆記本誕生的地方

4. Products
產品的魅力

5. Customize
大幅提升使用的樂趣

※「TRAVELER'S notebook」一詞，考量到直書和橫書交錯不易閱讀，遵照日本指示以下列準則標示：
■書名、篇章名、大標、小標皆以「TRAVELER'S notebook」標示。
■本文以「旅人筆記本」翻譯。
■本文以外，以英文「TRAVELER'S notebook」標示，或中、英文並列「TRAVELER'S notebook旅人筆記本」。

日文版Staff

設計
漆原悠一、松本千紘（tento）

採訪・編輯協助
八木美貴、入江香菜子、伏島恵美、
藤岡 操、大森菜央、裏谷文野

攝影
村山玄子、是枝右恭、工藤裕之、山平敦史、
宮脇慎太郎、落合明人、稲垣徳文、橋本美穂

校正
麦秋アートセンター

協力
株式会社デザインフィル

編輯
馬庭あい（KADOKAWA）

※本書為2021年8月時之資訊。
※本書介紹的品項包含已停售的商品。另外，刊載於使用者心得版面的品項為各使用者的私人物品，請勿詢問。
※本書介紹的筆記本內頁和封面客製化，尊重作者原創。

1.

What is TRAVELER'S notebook?

了解TRAVELER'S notebook旅人筆記本

寫上喜歡的事物，或者按照自己的喜好改造它，
一本筆記本擴增了自己的世界，也讓情緒興奮起來。
如此不可思議，魅力無窮的「TRAVELER'S notebook旅人筆記本」，
究竟是一本怎樣的筆記本呢？我們想要在本書開頭好好介紹一番。

TRAVELER'S notebook
旅人筆記本是這樣的筆記本

散發著獨特存在感的旅人筆記本，為什麼有這麼多的愛用者支持它呢？首先，讓我們重新審視其魅力。

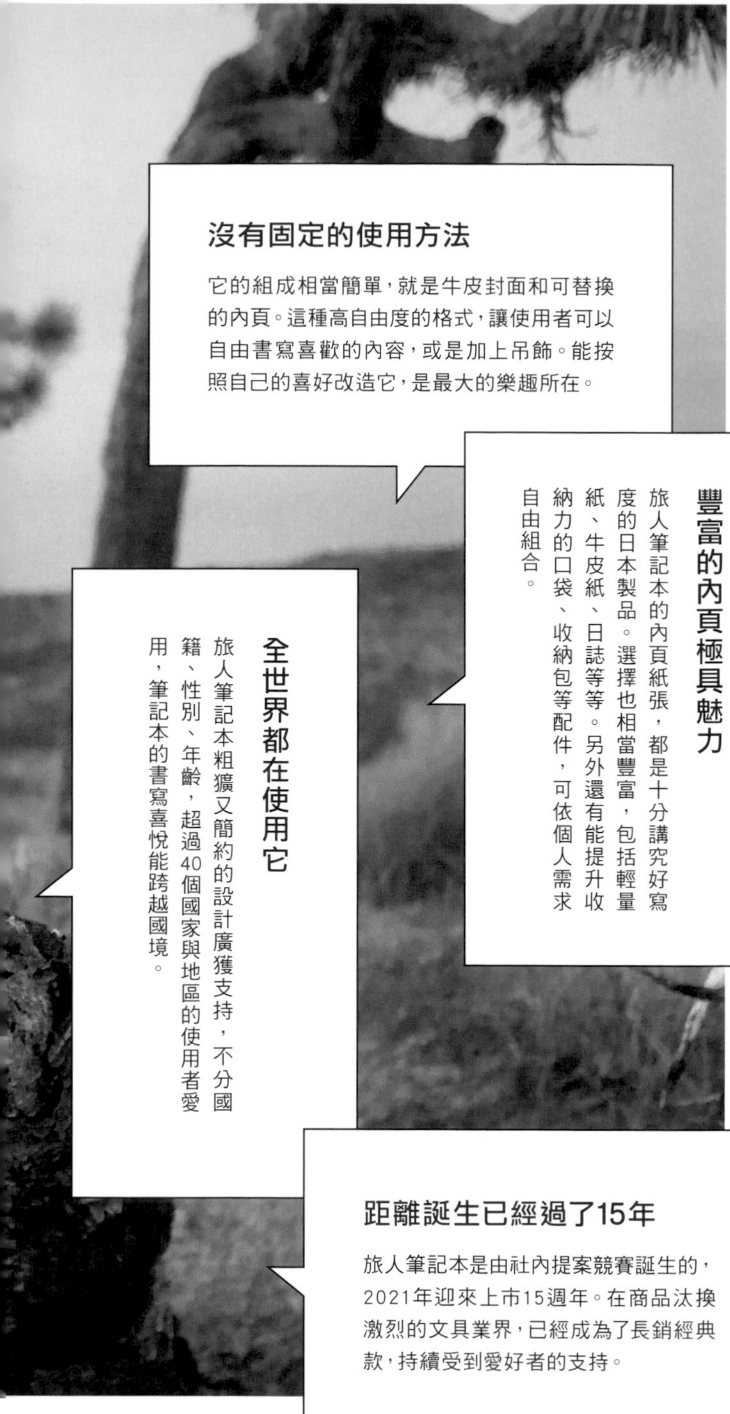

沒有固定的使用方法

它的組成相當簡單，就是牛皮封面和可替換的內頁。這種高自由度的格式，讓使用者可以自由書寫喜歡的內容，或是加上吊飾。能按照自己的喜好改造它，是最大的樂趣所在。

豐富的內頁極具魅力

旅人筆記本的內頁紙張，都是十分講究好寫度的日本製品。選擇也相當豐富，包括輕量紙、牛皮紙、日誌等等。另外還有能提升收納力的口袋、收納包等配件，可依個人需求自由組合。

全世界都在使用它

旅人筆記本粗獷又簡約的設計廣獲支持，不分國籍、性別、年齡，超過40個國家與地區的使用者愛用，筆記本的書寫喜悅能跨越國境。

距離誕生已經過了15年

旅人筆記本是由社內提案競賽誕生的，2021年迎來上市15週年。在商品汰換激烈的文具業界，已經成為了長銷經典款，持續受到愛好者的支持。

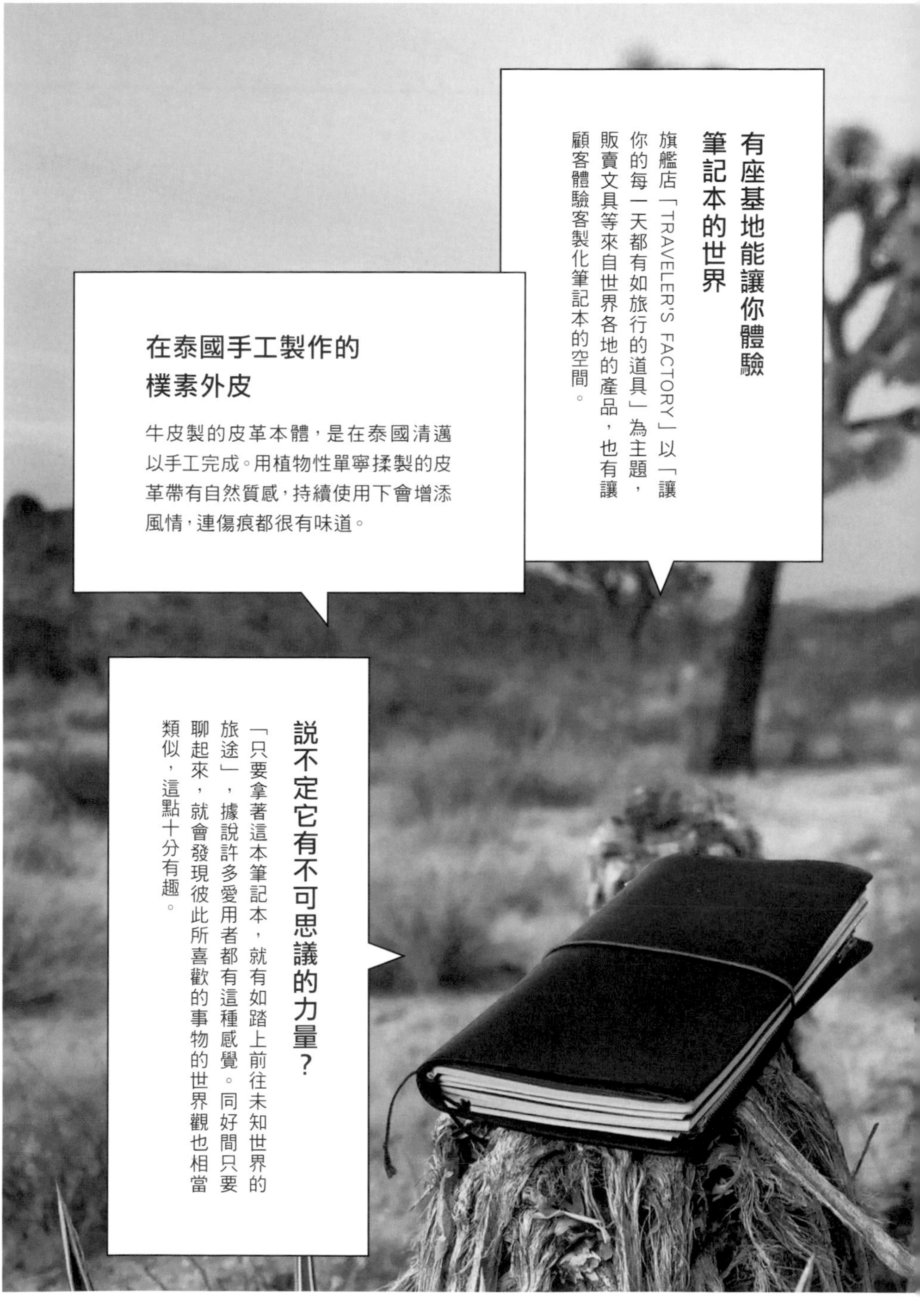

有座基地能讓你體驗筆記本的世界

旗艦店「TRAVELER'S FACTORY」以「讓你的每一天都有如旅行的道具」為主題，販賣文具等來自世界各地的產品，也有讓顧客體驗客製化筆記本的空間。

在泰國手工製作的樸素外皮

牛皮製的皮革本體，是在泰國清邁以手工完成。用植物性單寧揉製的皮革帶有自然質感，持續使用下會增添風情，連傷痕都很有味道。

説不定它有不可思議的力量？

「只要拿著這本筆記本，就有如踏上前往未知世界的旅途」，據說許多愛用者都有這種感覺。同好間只要聊起來，就會發現彼此所喜歡的事物的世界觀也相當類似，這點十分有趣。

HISTORY 2006-2021

在2021年迎接上市15週年的TRAVELER'S notebook旅人筆記本，不只在日本國內，海外也有相當多的愛用者。它一路走來究竟經歷了什麼演變？就讓我們一起回顧這15年來的大小事吧。

2005- 在社內提案中誕生

原型

旅人筆記本是在公司內的筆記本提案競賽中，廣獲好評而決定上市的。據說當初公司只是相信那股帶來興奮的直覺，並沒有仔細思考產品戰略。

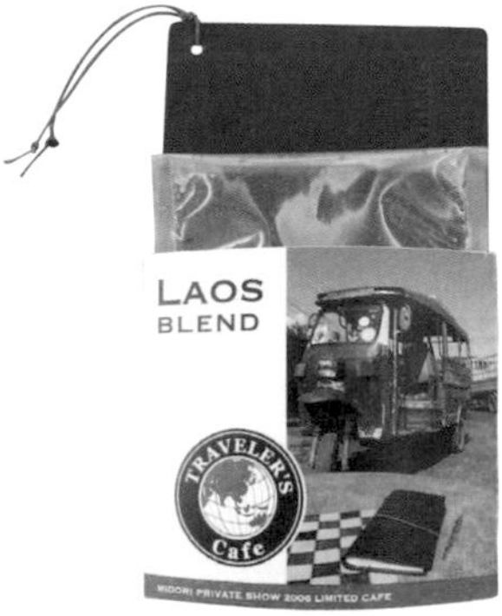

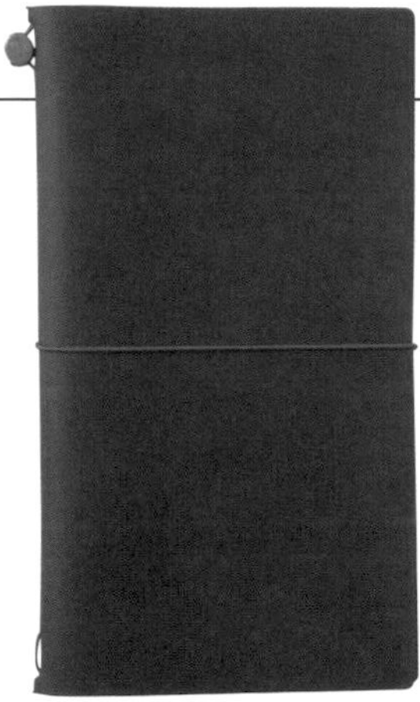

2006- TRAVELER'S notebook上市！

2006年3月，旅人筆記本開始銷售，當時只有黑與棕2色的皮革本體，以及4款內頁。官方網站也在這年上線。9月新增了日誌內頁。

左｜在展示會上配贈的咖啡與杯墊。
右｜剛上市時只有Regular Size。

2007- 世界隨著愛用者社群一起擴展

這一年追加了數款經典內頁，讓使用者分享筆記本的網站「TRAVELER'S Cafe」和「TRAVELER'S日記」也上線，愛用者之間開始交流。

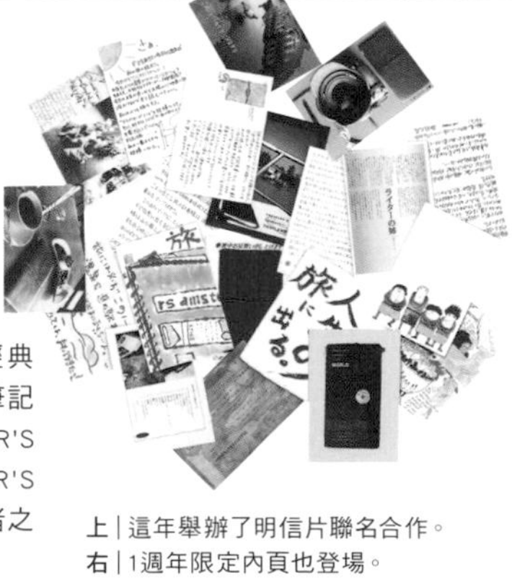

上｜這年舉辦了明信片聯名合作。
右｜1週年限定內頁也登場。

2008-

內頁的多樣化

追加了素描紙、輕量紙等個性豐富的內頁紙。公司內也舉辦了開設TRAVELER'S Cafe的活動，讓使用者能親自體驗擁有筆記本的世界觀。

位於流山工廠內的TRAVELER'S Cafe是一日限定的快閃店。

2009-

追加了Passport Size

便於攜帶的護照尺寸也加入產品線，以上市活動為起點，這一年舉辦了好幾場活動。

展場的架子與牆壁、陳列小物都花了不少心思設計，打造出講究的空間。

2010-

加入豐富的周邊產品

黃銅系列和線圈筆記本在這年加入旅人筆記本的夥伴陣容，讓筆記本的世界更加深奧。在流山工廠也舉辦了內頁紙自助吧的活動。

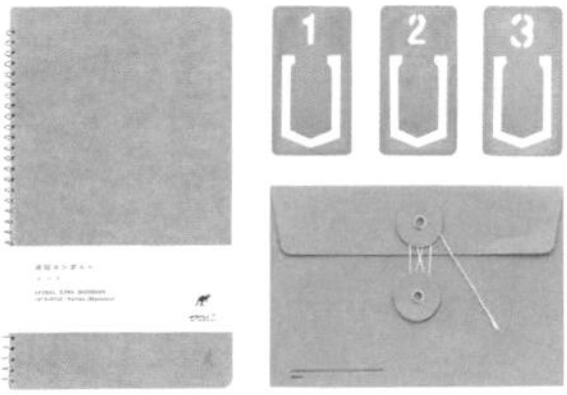

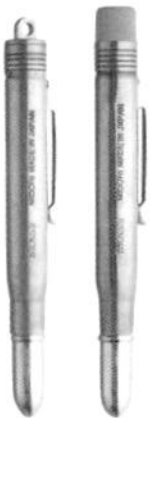

左｜內頁紙自助吧的光景。
上｜各種商品和限定款內頁也在活動中登場。

2011-

TRAVELER'S FACTORY誕生！

為了慶祝上市5週年，這一年推出了駝色的皮革本體與客製化小物（左上照片）。同年10月，在中目黑開設了旗艦店「TRAVELER'S FACTORY」（右上）。首度舉辦的海外活動分別落腳於首爾（左下）與香港（右下）。

2013-

與各種品牌聯名合作

這一年與海內外多個品牌合作，這些品牌的核心思維與旅人筆記本十分合拍，一場場活力十足的聯名活動，拓展了粉絲圈。

為紀念聯名，在香港天星小輪上舉辦了慶祝活動。

2012-

客製化小物上市

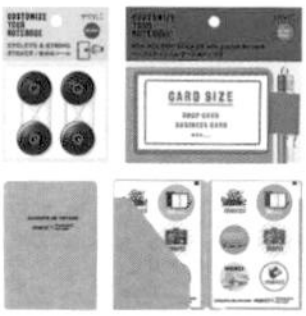

貼紙和筆套等周邊產品加入產品線（照片左上部分）。這一年也舉辦了海外活動，以及與NEXCO中日本的聯名活動。

在法國的活動選在巴黎選物店「Merci」舉行，同時販售聯名款貼紙（照片左邊的上下部分）。

右・中｜台灣場活動的限定商品。 下｜TRAVELER'S FACTORY AIRPORT。

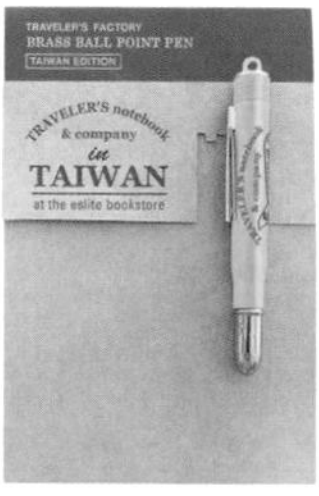

2014-

TRAVELER'S FACTORY 在通往世界的玄關開張

在成田機場開設了TRAVELER'S FACTORY的第2家門市。除了在台灣舉辦活動，也在日本國內4座城市舉行巡迴活動。

2015-

品牌名稱變更

繼日本國內之後，這一年也在歐洲各國舉辦巡迴活動。10月，品牌名稱從「MIDORI」改為「TRAVELER'S COMPANY」。

限定版的藍色。右・左上｜歐洲活動的一景。

紀念10週年而限定發行的迷你尺寸筆記本。

2016-

TRAVELER'S notebook 10週年！

駝色正式成為皮革本體的經典色，經典色總共有黑、棕、駝3色。在亞洲3座城市、紐約也舉辦活動，海外人氣高漲。

2017-

繼機場後，車站裡也誕生了據點

TRAVELER'S FACTORY的第3家門市，選在日本鐵道的出發站東京開幕。限定色橄欖綠也在這年上市。

左上・左下｜在紐約、洛杉磯的活動。右｜TRAVELER'S FACTORY STATION。

2019-

新款內頁用起來更方便

聆聽使用者意見而開發的點格內頁、黃銅夾在這一年上市。與PRADA、星野度假村的聯名合作也帶來話題。

上｜可讓筆記本保持翻開狀態的黃銅夾。右｜點格與水彩紙的內頁。

2018-

TRAVELER'S notebook的經典色成為4色

皮革本體的經典色追加了藍色（上圖）。除了參加在法國巴黎舉辦的「MAISON & OBJET PARIS」，也在首爾、馬德里舉辦活動。

中｜MAISON & OBJET PARIS。右｜與「THE SUPERIOR LABOR」的聯名商品。

2020-

京都開設 TRAVELER'S FACTORY

TRAVELER'S FACTORY京都分店開幕（左上照片）。也發表了限定色「FACTORY GREEN」的黃銅周邊製品。

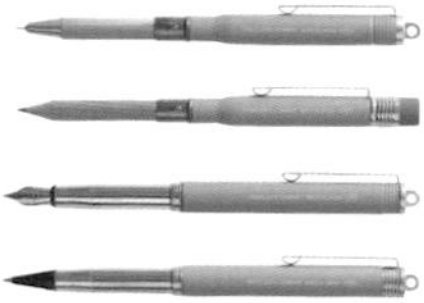

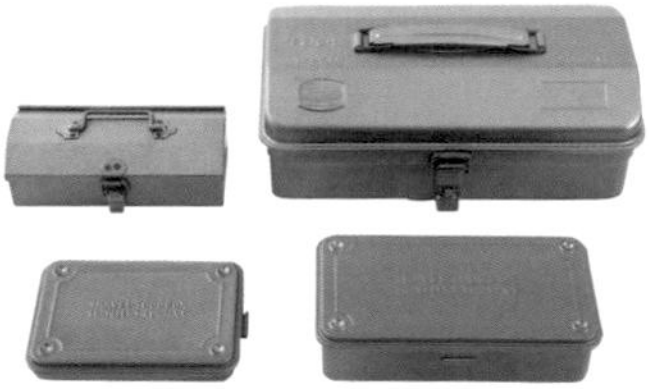

左下｜在Ace Hotel京都舉辦的活動。右下｜與東洋鋼鐵的聯名商品。

有如唱片的B面般，這系列的內頁充滿了實驗性、有趣的創意。

2021-

TRAVELER'S notebook 上市15週年

內頁收藏系列「B-Sides & Rarities」上市，個性豐富的內頁讓人雀躍起來。

2.

Users' notebook style

與TRAVELER'S notebook 旅人筆記本同行的精采日常

本章將介紹15位愛用者在不同生活型態、工作下，
是如何玩轉旅人筆記本，發展出豐富多彩、獨具魅力的筆記本風格。
旅人筆記本的用法因人而異，有著無限可能。
接下來要怎麼享受這本筆記本，當然就是交給「第16位」的你決定啦！

書寫在筆記本裡的歌詞和吉他共同催生了音樂

山田稔明／歌手、詞曲創作人

01

MUSIC

曾發行聯名款內頁與CD，還在TRAVELER'S FACTORY舉辦LIVE演唱會，歌手兼詞曲創作人山田稔明，多年來與旅人筆記本交情甚篤。

他本來就是個文具控，之前用的是其他品牌的筆記本，在偶然機緣下認識了旅人筆記本的團隊。

「當初我還覺得，雖然認識了飯島先生（旅人筆記本的製作人）等朋友，但愛用的筆記本可沒那麼容易說換就換……（笑）。實際開始用了才發現，可以自由排列組合的內頁，和越用越養出味道的皮革封面，實在是超乎我想像地有魅力啊。」山田稔明如是說。他的內頁收藏不斷增加，也買了護照尺寸的筆記本，不知不覺

“認真製作音樂 就會自然寫滿的筆記本”

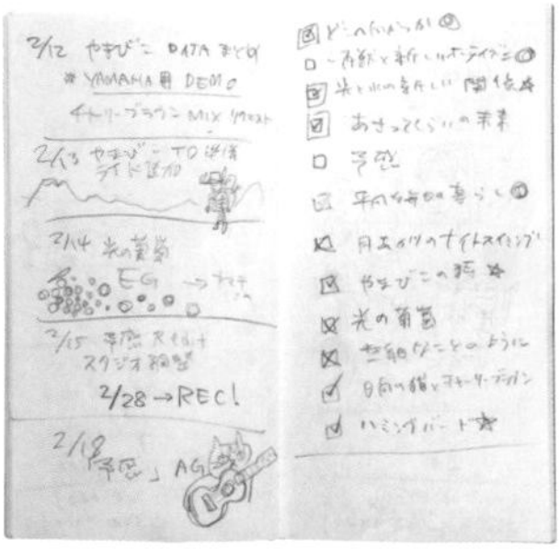

錄音筆記

在專輯製作過程中，需要持續錄音的時候，山田稔明就會以週為單位來管理行程。如此一來，便能輕鬆掌握什麼時候錄過了哪首歌的哪一段，回顧時也很方便。

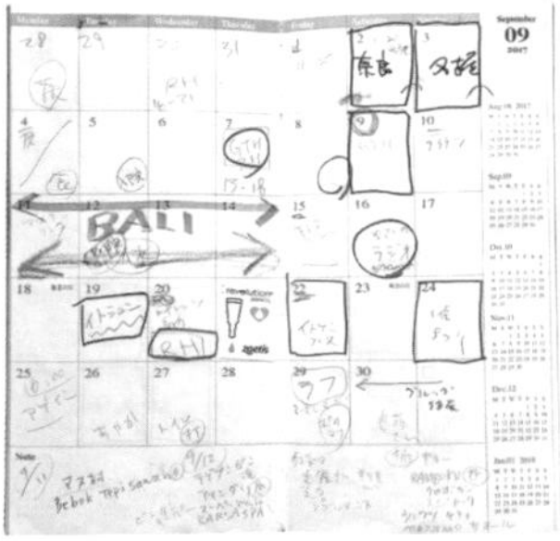

月計畫行程表

山田稔明也很喜歡用月計畫的內頁。用紅筆框起來的是有演唱會的日子。這個月也去了巴黎旅行「紅色的數量與生活充實度成正比，現在回顧起來，這個月應該過得很開心（笑）。」

Q & A

已經用TRAVELER'S notebook多久了？	約9年
假設去無人島，除了筆記本外，會帶什麼？	果然還是要帶貓去
用來創作TRAVELER'S notebook的夥伴是？	PILOT的鋼筆Cavalier

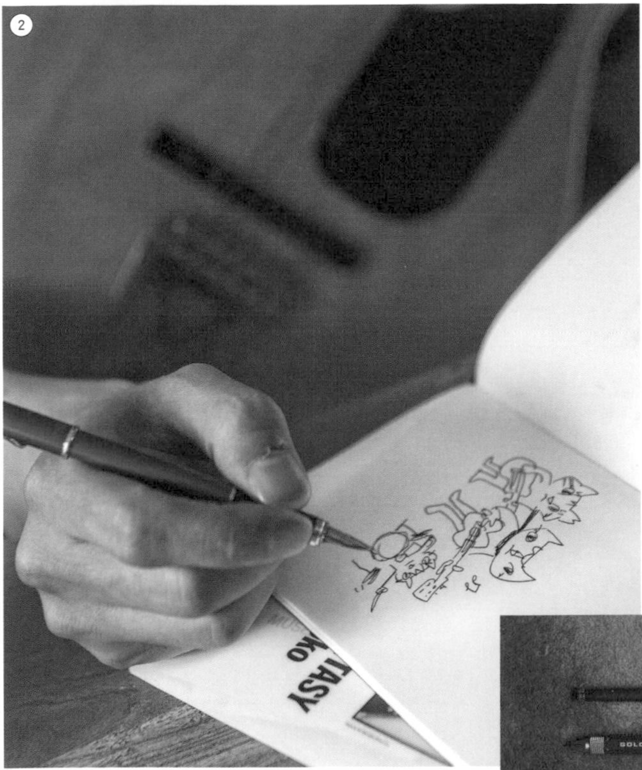

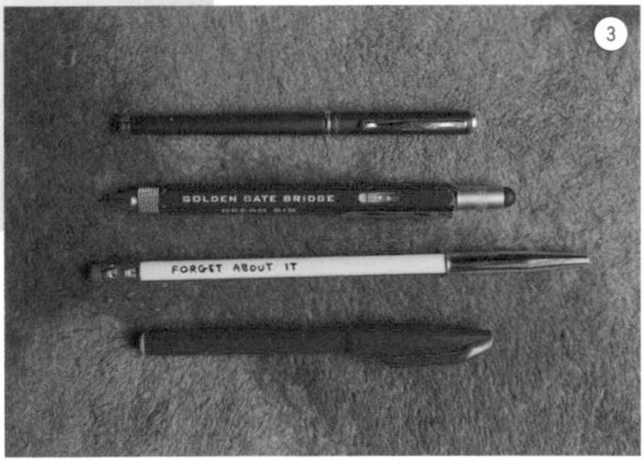

1 | 喜歡文具的山田，為了拍攝樂團專輯《memori》封面而收集了不少尺。2 | 他振筆疾書，畫的果然還是跟貓、音樂有關的插圖。3 | 由上依序為鋼筆Cavalier、在舊金山買的附水平儀鋼珠筆、鉛筆、紅色簽字筆。

間，走到哪裡都會帶著它，旅人筆記本成了他的可靠夥伴。

「這真的是一本讓人沒事就想摸摸它的迷人筆記本。比起把它擺在家裡，更想帶著走。從上市以來，產品的設計概念始終保持一貫，是我最喜歡的一點。」

山田寫在筆記本裡的筆記，除了歌詞、演唱會日程、錄音紀錄等與音樂有關的事，還有他最喜歡的貓。他喜歡畫畫，把愛貓「波奇實」當成模特兒，畫了不少插圖。

在演唱會、錄音等重要行程的日子，山田會用紅色簽字筆框起來標記，此外，製作專輯時，只要錄音日即將到來，他就會換上空白的內頁，當成週間行程表使用。

「只要看到那些寫滿了字，或是有很多紅色的頁面，就會覺得當時還真是努力啊，過得還滿充實的。」

筆記寫得滿不滿，以及「紅色」的

1｜以TRAVELER'S notebook為意象創作，在2017年發行的單曲〈notebook song〉，以及錄音帶設計的內頁。2｜在每年都會推出的聯名內頁中，山田稔明負責畫貓咪等插圖。3｜後方的櫃子塞滿了黑膠唱片。

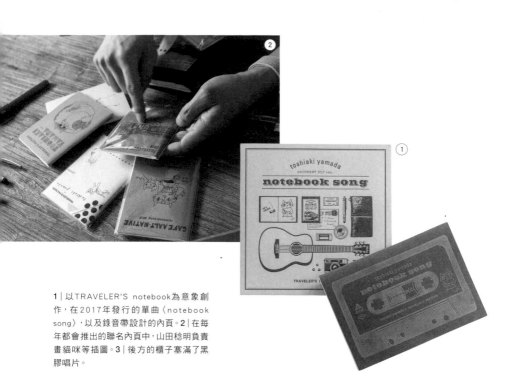

5

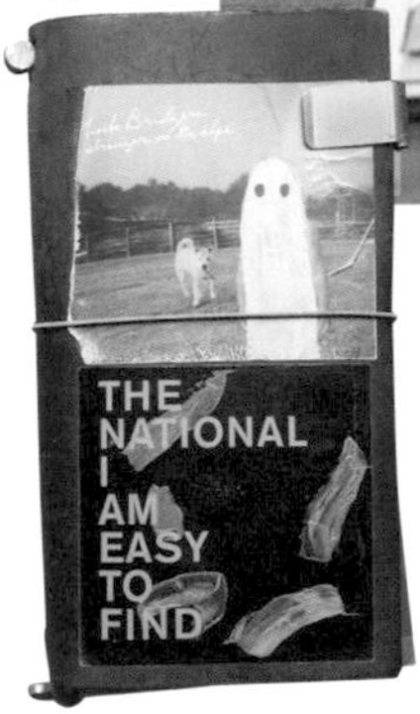

6

4｜前代愛貓波奇過世後出現在山田稔明家庭院，與波奇長得一模一樣的三花貓「波奇實」。現在擔任山田的插畫模特兒。**5**｜山田會在皮革封面貼上專輯的貼紙。「掉了就再貼新的，做這件事還挺開心的」。**6**｜Passport Size的筆記本，他用的是駝色皮革本體。

數量，忠實反映了現實生活的充實度。

山田與旅人筆記本共同累積的時光，在2017年化作了單曲〈notebook song〉。唱出旅人筆記本形象的這首歌，從「塞滿滿的我的筆記本 是祕密筆記的寶庫」開始，乘著爽朗輕快旋律唱出的歌詞，當然也是山田先生當初寫在旅人筆記本裡的一行筆記。勾引筆記愛好者的這句直白歌詞，成功收服了所有人。

2020年因為新冠疫情，山田的許多演唱會行程都只能喊卡，雖然看著行程表裡的紅框變得冷清，但Instagram上的演唱會、直播等新的挑戰也開始了。等到有一天回顧起來，這少少的紅色，說不定也會變成一個值得回憶的話題。

可靠的筆記本夥伴、讓人興致高昂的音樂，以及療癒的貓咪。這些事物，將來一定也會常伴山田的左右。

02

HALF TIME of LIFE

只讓未來的自己閱讀反芻人生的娛樂

小山薰堂／電視編劇

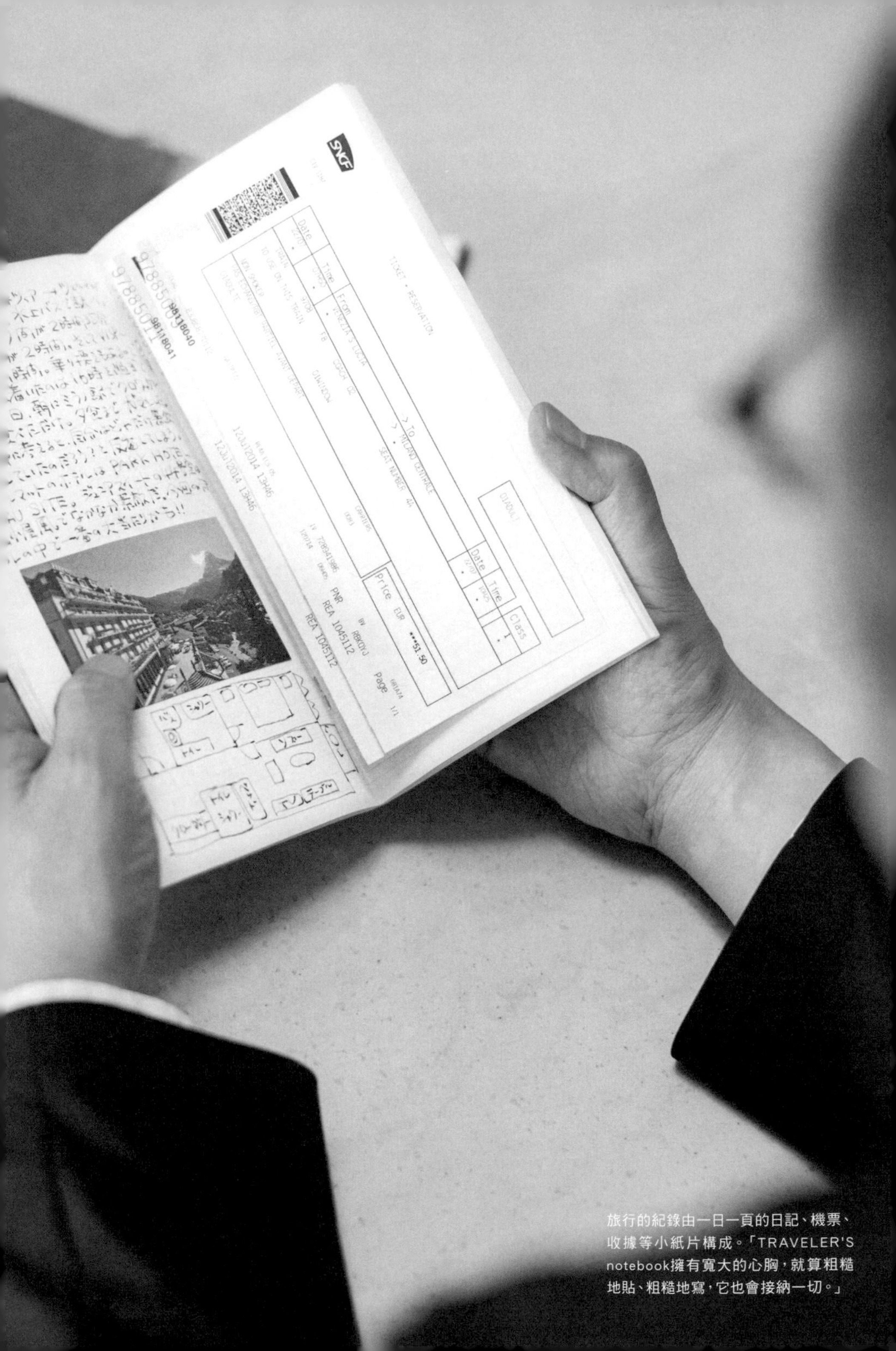

旅行的紀錄由一日一頁的日記、機票、收據等小紙片構成。「TRAVELER'S notebook擁有寬大的心胸，就算粗糙地貼、粗糙地寫，它也會接納一切。」

“筆記裡塞滿了驚豔的邂逅、事件，以及當時的經驗”

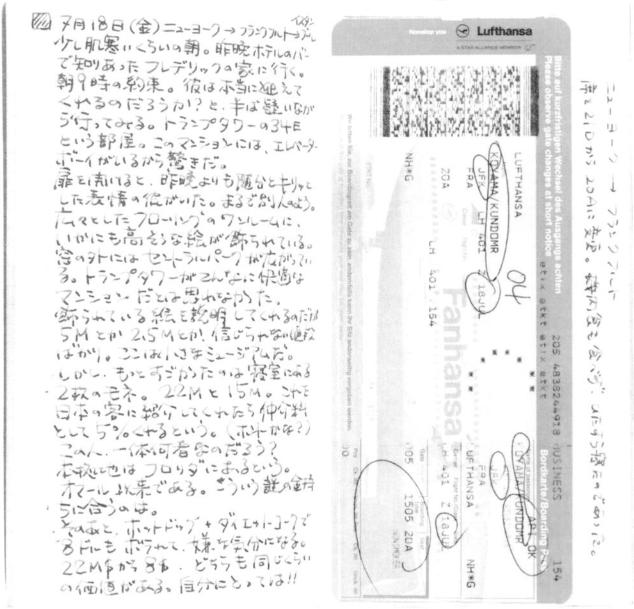

小山薰堂的筆記本皮革封面是棕色，並搭配橙色的橡皮繩。左頁是在旅行途中造訪的紐約日記，文中的「5M」指的是「5 million」。當中記載了與「神祕有錢人」的邂逅。

2014年迎接了50歲的生日。據說從學生時代就開始打工，從來沒有好好休假過的電視編劇小山薰堂，在50大壽的一年前宣布：「等我50了就要放一個月的假！」

小山稱呼這一個月為「人生的HALF TIME」，並且著手開始準備。這時，編劇家倉本聰送他的生日禮物，就是旅人筆記本。他覺得這剛好能用來記錄旅程，就把它當成了休假的夥伴。雖說只是一個月的旅行，行李也只有一個背包，這本筆記本真可說是「天選單品」。

「我平常出門都會帶著筆記本，但沒有什麼特別做筆記的機會，一趟出差大概也只會寫個一頁。但在這次的休假中，卻讓我理解到把回憶寫下來的價值。」

小山筆記本的第一頁，從生日當天寫下的致詞開始。感嘆著，明明一週後就要出發，最重要的旅程內容卻還

沒決定好。他選了喜歡的、想去的城市當成目的地，卻變成了橫跨十國的大陣仗，每個點只能住一～三晚，就得不停移動，「結果休個假休得比工作還忙。」他苦笑。

「這本筆記本對我這個『回憶控』來說，在年歲增長後回頭再讀，就像是一份反芻人生的開心之處，以及回顧原來發生過這些事的娛樂。它既是寫給自己的信，也是一本只讓自己閱讀的書。」

在這趟假期中，他每晚都坐在筆記本前，用鋼筆寫下當天發生的新鮮事與新發現。旅行的醍醐味，就在出乎意料的經驗與邂逅。在斯德哥爾摩被騙錢的經驗，也變成讓他重新思考金錢價值的契機。當天的日記中以這句話作結：「謝啦，老城區的壞傢伙們。」

「旅行日記寫到一半就半途而廢也不是什麼怪事，但那些面對筆記本的

1｜攝於小山薰堂創立的編劇事務所「N35」辦公室。在接待室的櫃子裡，展示著他周遊日本、全世界時，在旅途中遇見或獲贈的紀念品。2｜他愛用的鋼筆來自MONTBLANC，墨水的色號是Midnight Blue。3｜小山寫在筆記扉頁的，是圍繞著「人生HALF TIME」主題的自我宣言，寫於50歲生日的當晚。

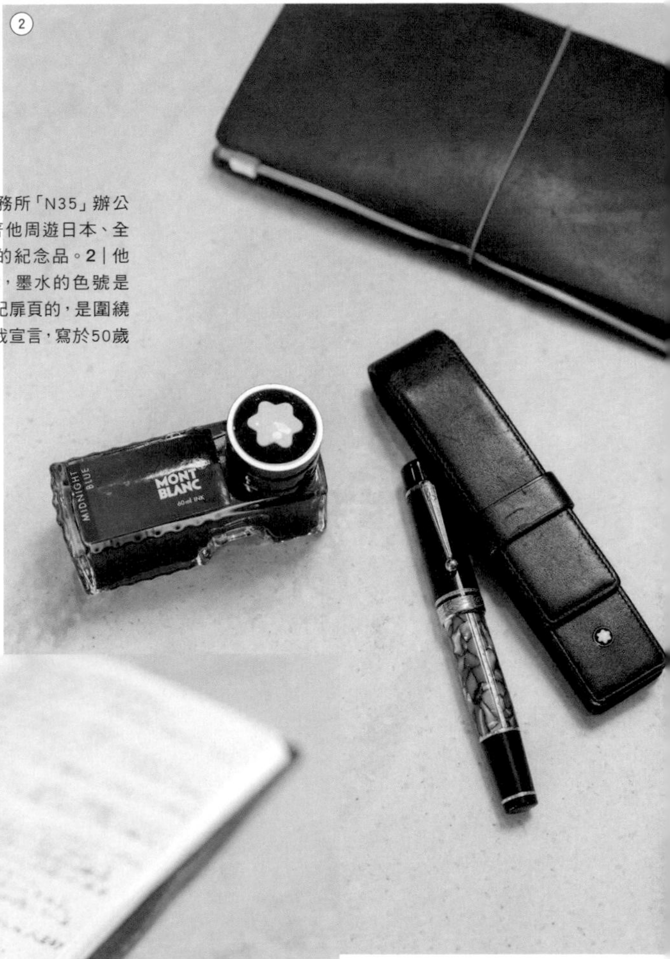

時間真的太開心了，結果就寫到了最後。如果不是倉本老師送我旅人筆記本，這趟旅行說不定最後就會變成一趟很隨便的旅行。以這本筆記本為契機，讓我更享受旅程，也完成了獨一無二的一本筆記，未來的自己應該也會很喜歡。」

陪著小山走過人生HALF TIME之旅的筆記，現在被他珍藏在辦公室的書櫃裡。偶爾翻閱那些頁面，點點復甦的記憶，都取悅著小山自己。

Q & A

已經用TRAVELER'S notebook多久了？	2014年7月的一個月間
假設去無人島，除了筆記本外，會帶什麼？	萊卡相機
用來創作TRAVELER'S notebook的夥伴是？	MONTBLANC的鋼筆

2019
REVIEW
Favorite Shop
Favorite Shop
Favorite Shop
MY BOOKSHELF 1
WANT TO MAKE A TRAVEL JOURNAL
トラベルノートが書きたくなる本たち
フィンランドー建築・デザインの神話
AND
:Shared Visions
アイノとアルヴァ
JOURNAL
ADMIT ONE
TICKET
世田谷美術館
SETAGAYA ART MUSEUM
二人のアアルト
artek
marimekko
VERO MODA
SUPER YELLOW

03

TRAVEL

把特別的日子和日常生活的所有「旅程」塞進每一個跨頁

Mini_Minor／TRAVELER'S notebook創作者、一級建築士

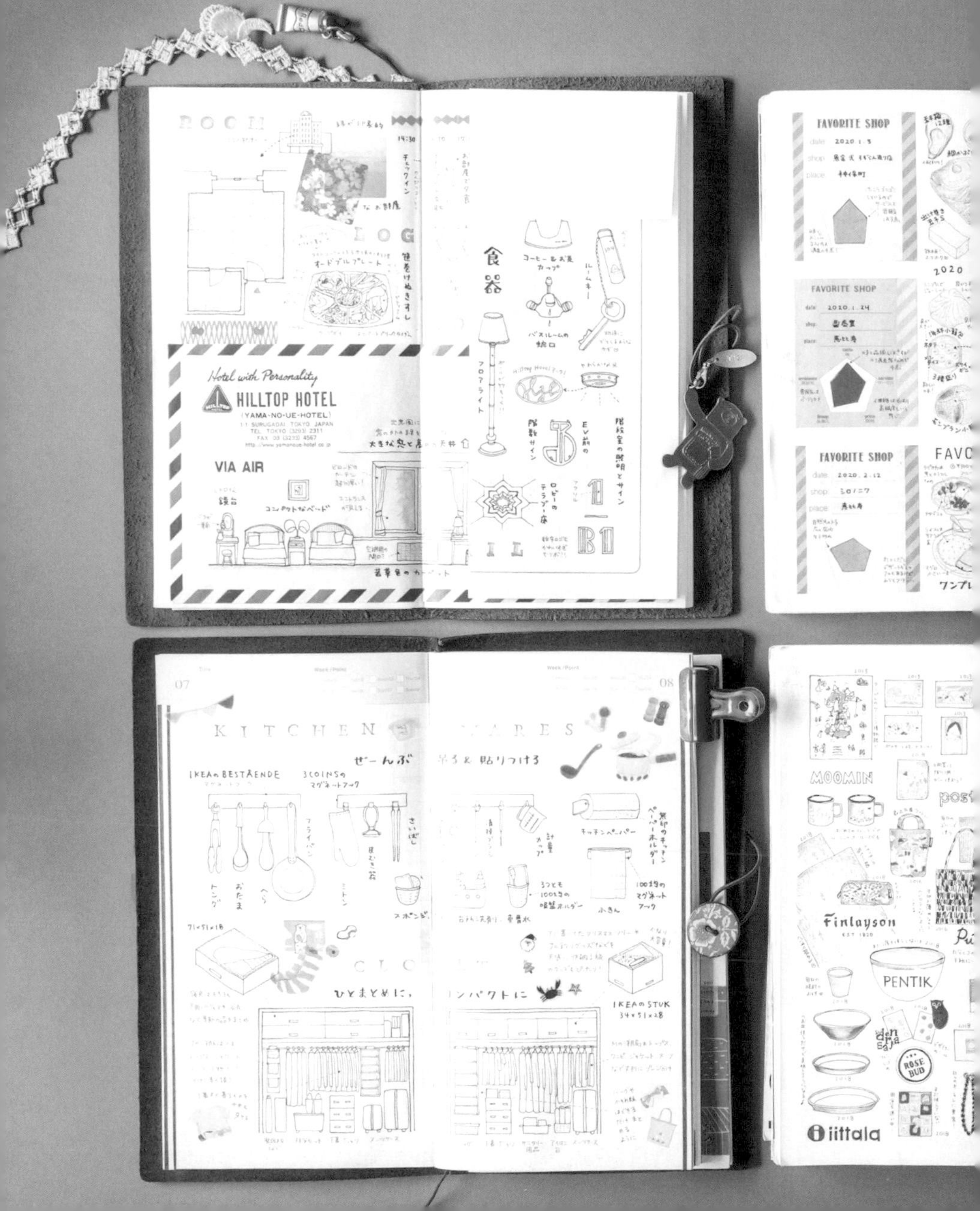

「我的人生以遇見旅人筆記本為分水嶺，發生了巨大的變化，我真心感謝這本筆記本的存在。」

說這句話的Mini_Minor，在Instagram上分享了許多漂亮又有趣的筆記，至今為止她已經完成了超過40本筆記本。

Mini_Minor是在2015年開始使用旅人筆記本的。

「在那之前，我都是用一日一頁的筆記本寫每天發生的事，就像寫日記一樣。不過，既然都要寫了，就不想讓它淪為單純的備忘錄，想用更積極的形式留下點什麼。當時我選擇的，就是有著帥氣皮革外皮，讓我不禁駐足的旅人筆記本。」

她的筆記本生活就此展開。因為她是個旅行愛好者，一開始的主題，都以她最愛的北歐各國旅行紀錄為主，當初每個主題的篇幅會花上好幾頁，後來漸漸轉變成一個跨頁交代完一個主題的形式。

「雖然旅行是瞬間就會結束的事，但藉由把旅行整理成筆記，之後就能不斷回味那些開心的回憶，也會更加強化喜歡與感動的情緒。」

在不斷創作筆記的過程中，Mini_Minor的筆記主題範圍也不斷擴增，像是參訪建築、美術館參觀紀錄等出遊筆記，食譜、超商甜點的試吃心得，還有草花植物的收集紀錄，她在日常生活中

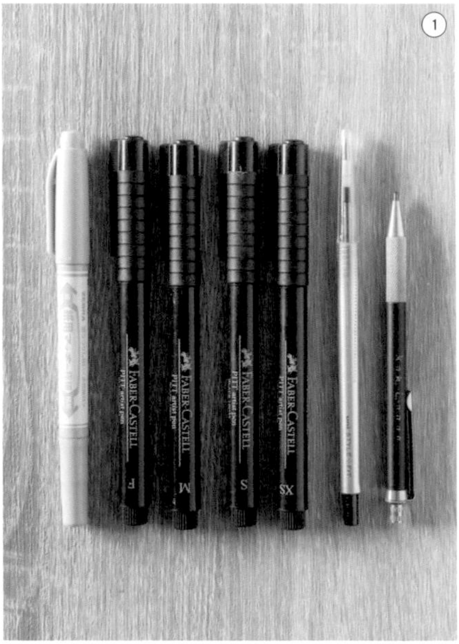

1｜打草稿用的粗芯自動鉛筆，以及用來寫字、畫插圖的代針筆、極細鋼珠筆，還有灰色的麥克筆。

2｜橄欖綠的Regular Size筆記本是用於旅行前後的統整，駝色的Passport Size筆記本則是旅行隨身攜帶。

Q & A

已經用TRAVELER'S notebook多久了？	約6年
假設去無人島，除了筆記本外，會帶什麼？	蠟燭
用來創作TRAVELER'S notebook的夥伴是？	紙膠帶和貼紙

③

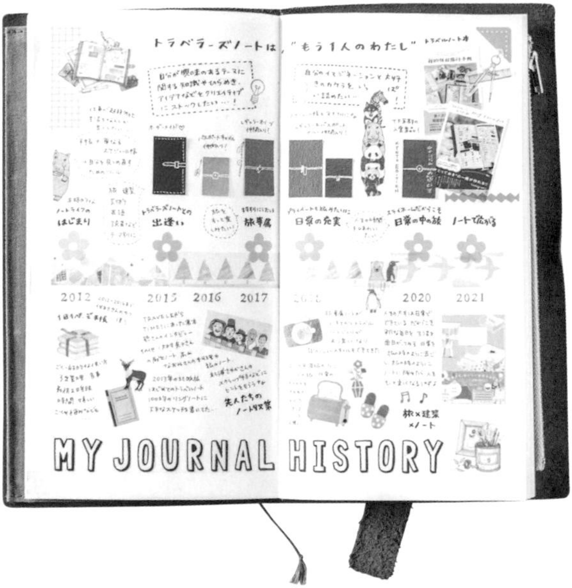

3 | Mini_Minor在這個跨頁中整理了自己的筆記變遷史，能一眼看出風格與主題的變遷。
4 | 至今為止完成的超過40本筆記，被她用布袋包起來裝箱保管，放在就算遇上緊急狀況也能馬上帶著跑的位子。

“ TRAVELER'S notebook 是我的另一隻「眼」 ”

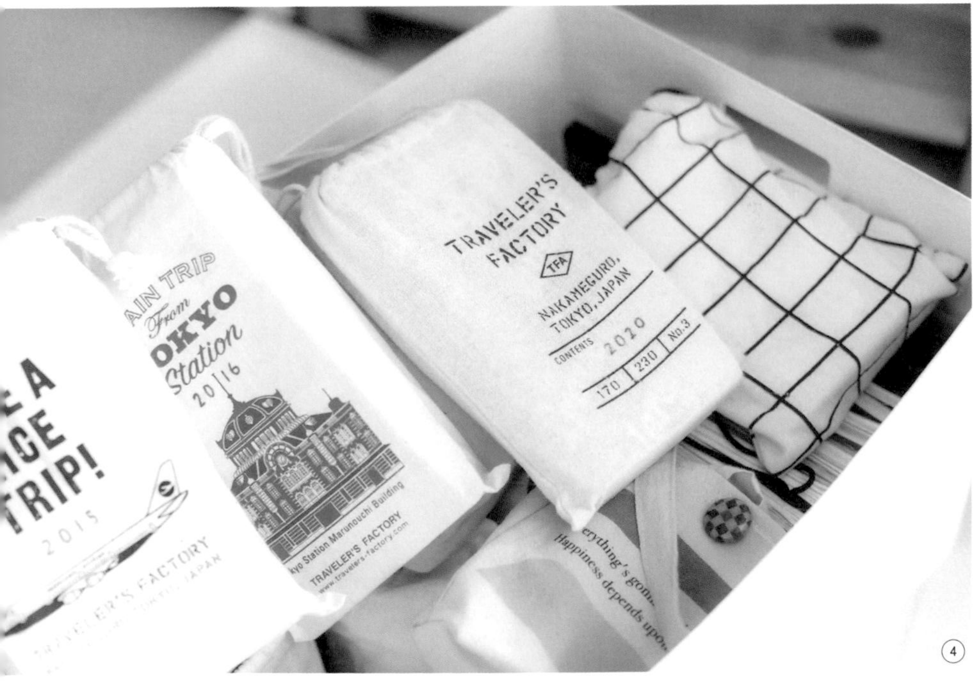

④

以後想吃or還想再吃一次的日本美食

在居家隔離生活中，無法出門旅遊，所以我就回顧過去的旅行，並把未來想去的地方統整進筆記中。距離走遍日本全國還差6個縣！

整理家中北歐雜貨的筆記

北歐各國是我最愛的一塊土地，至今去過無數次。雖然現在很難真的去旅行，但在家中收集北歐小物，心情就像出國一樣。整理筆記時，也讓我可以重新回顧是在哪裡購買的，以及喜歡的地方。

“在普通的生活中也能找到「旅行」”

找題材，並用自己的方式深入挖掘。

「我之所以開始把創作筆記的主題轉向日常，契機是2018年的一趟芬蘭旅行。我那次是一過元旦就出發了，因為當地還處於永夜，每天的天亮時間只有幾個小時，於是就自然而然開始想著在家要怎麼度過時間，還有如何為日常小事賦予價值。我認為如果連日常生活都能好好重視並享受，人生一定會更加有趣。」

Mini_Minor這份享受日常的觀點，在疫情中的居家生活也徹底發揮，她把家中的北歐雜貨，以及過去在日本各地吃到的美食整理成筆記，就算不能實際出遠門，也能充分體驗旅行的樂趣。

「旅人筆記本最大的魅力，是可以依照自己有興趣的主題或實際狀況，不斷改變形式，也能隨心所欲地改造。找出能打動自己的主題，然後想著『好，來整理成筆記吧！』我現在非常享受這些思考時光。」

山上飯店的住宿日記

活用印章、貼紙、轉印貼紙，做出吸睛的文字和插圖。

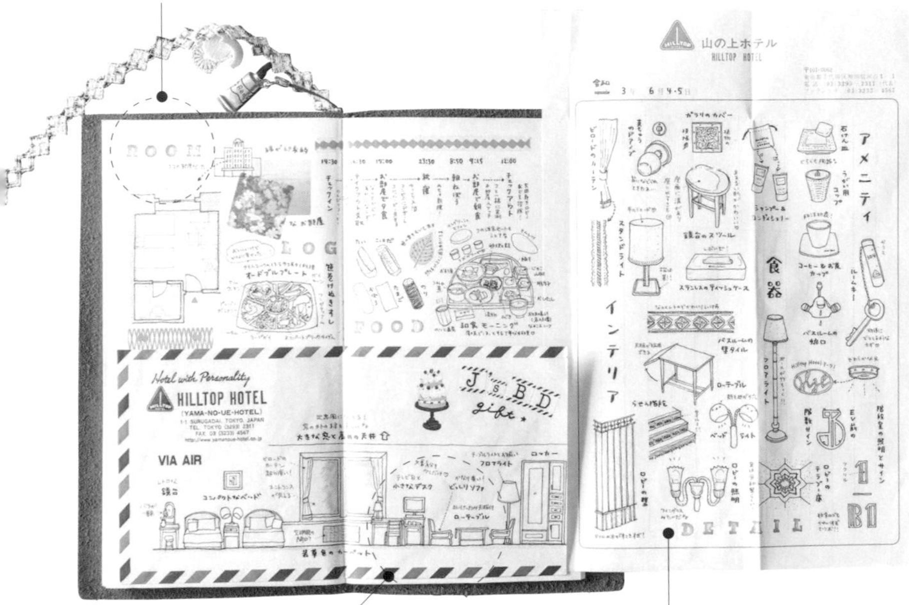

直接把飯店裡的航空信封貼進內頁，信封的三色邊框變成頁面分隔線，是很好的裝飾。

貼上便條紙擴增頁面。沉穩的字體和色彩，能很好地傳達飯店的氛圍。

創作筆記是Mini_Minor的每日功課。除了早晨和晚上，也會活用工作的休息時間不斷創作。

04

ILLUSTRATED DIARY

每天描繪一點點，不斷擴增樂趣。圖畫日記是好奇心的種子

河野仁／Suzuki Jimny零件製造商

APIO

河野仁的日記體驗原點，是他幼時看見的父親身影。

「我老爸以前都用裝著藍黑墨水的鋼筆寫連用日記，印象中曾聽他和我媽說『三年前的今天發生過這種事啊』，那時就覺得寫日記真好啊。」

據說河野仁的父親會帶他去釣魚和打高爾夫，「但我根本沒興趣，老爸在釣魚，我總是在一旁畫圖。」

正因有這份記憶，為了記錄女兒的成長，他開始寫日記。過沒多久，就遇上了剛上市的旅人筆記本。

「遇見這本筆記本真是改變我的人生，一點都不誇張。第一眼看到它就一見鍾情，真的好帥啊！而且當時就有聽說『把日常當旅行』的概念，覺得就是這個了！而且這句話也很適用我的愛車夥伴Jimny。」

開始用旅人筆記本後，他也逐漸能清楚發現自己好奇心的去處，以及喜歡的東西是什麼。

右起依序為林道筆記、讀書日記，以及每天一格的圖畫日記。圖畫日記記錄了一個月的時間，在林道取材的圖畫日記不但記錄整趟旅行，還能俯瞰那些瞬間的感覺，以及觸目所及的色彩。

「如果是別人帶我去的地方，往往都會不太記得路是怎麼走的。所以，我會在筆記本裡夾筆記、收據、標籤，用來事後複習。」

從這裡開始，就是再度享受旅行的時光了。只要打開旅人筆記本，河野仁就會開始描繪地圖、在空白處寫字，貼上自己畫的小素描。旅行所見的事物、吃過的東西、買過的紀念品、氣味和空氣感、某人的表情和話語……就像是回到了旅行時的自己。書寫筆記這件事，能讓瞬間的感覺變成永恆的樂趣。

把日常當成旅行在享受的河野仁，對他而言，每天的圖畫日記就是重頭戲。早上五～六點，他會坐在筆記本前，如俯瞰般回顧昨天發生的事，然後拿起以糸卷生漆裝飾的中村「雪茄」鋼筆。在月計畫僅僅3公分見方的一日小格子中，用他職人般的技巧寫出超小文字！據說為了寫這日記，他還特地請人把筆尖磨成「超極細」。

隨身日記創作組

隨身攜帶的包包配合筆記本尺寸特別訂製，是河野仁的公司APIO與橫濱帆布鞄聯手製作的產品。迷你素描本也是APIO的原創商品。

Q & A

已經用TRAVELER'S notebook多久了？	10年以上
假設去無人島，除了筆記本外，會帶什麼？	片岡義男的書
用來創作TRAVELER'S notebook的夥伴是？	鋼筆、色鉛筆與塊狀水彩畫具

「我就是有點龜毛啦～」雖然河野仁這樣笑著自嘲，但也能從中窺見他的美學。為了整理得精鍊又整潔，不知道需要耗費多少的集中力呢？

在被問到Q＆A單元中「假設去無人島，除了筆記本外，會帶什麼？」的問題時，他思索片刻後回答：「片岡義男的書」。「以前還在迷重機旅行的時候，覺得只要有機車、片岡義男的書、山下達郎的歌作伴，那我就死而無憾了。就是這麼喜歡。」說這話時，他的眼中閃著男人浪漫的光，但下個瞬間，他又翻看過去的圖畫日記，無邪地笑著說：「這個月居然吃了5次崎陽軒的燒賣！我真的很愛他們家的燒賣。啊，昨天也吃過了。」

每回顧一頁日記，他喜歡的東西和感興趣的話題就不斷出現，用笑容引發周圍的興趣。孜孜矻矻寫筆記，就像埋下好奇心的種子，不管經過多少年，只要翻開頁面，這些種子就會發

河野仁用超極細的筆尖，在月計畫的小方格中振筆疾書。每天早上的這份例行公事，能讓他自然定下心來，接著開始新的一天。

芽，並散播樂趣。

河野仁最後讓我們看了他寫在超輕量內頁上的讀書日記，在一篇「讓《風的時代》更適合自己的方法」中，他反覆寫了好幾次「回歸原點」這句話。

當年在父親釣魚時，在他身旁埋首畫圖的那個小小河野少年，那份貫徹喜歡事物的態度，或許就是他每天持續創作圖畫日記的原點。

在皮革本體上的傷痕，以及隨興貼上的貼紙，都是河野仁歷史的一部分。

“畫畫是我的原點
因為喜歡
才能持續下去”

他用的是溫莎牛頓的專家級水彩攜帶套組，盒子附水壺，超級省空間。

05

COMEDY

在外景和想段子的工作中也要加入玩心

中西茂樹（那須中西）／搞笑藝人

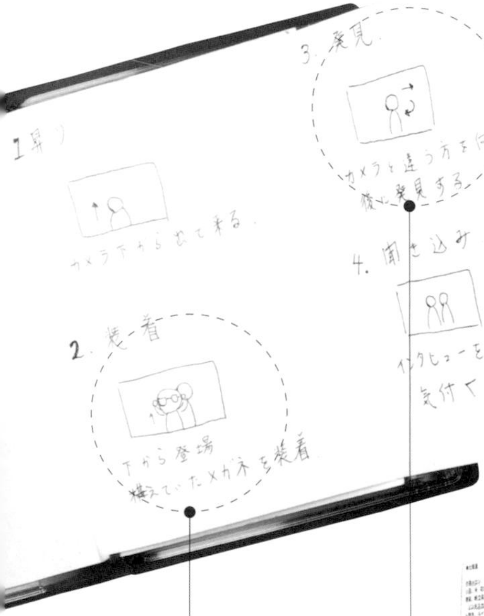

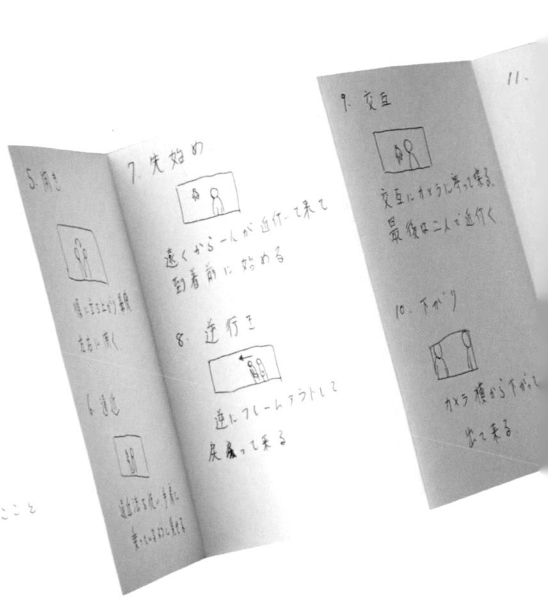

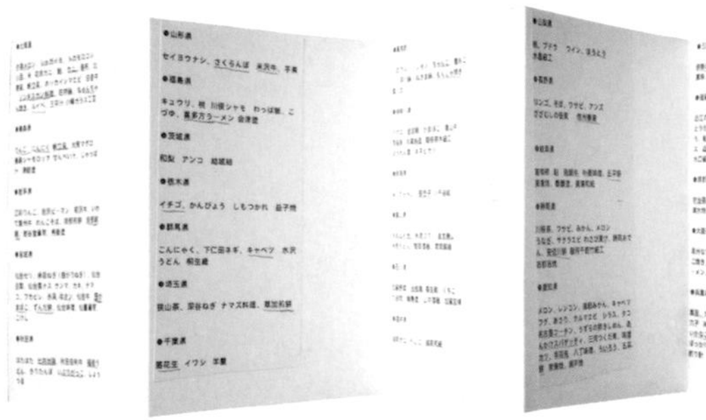

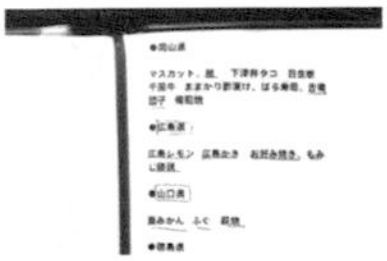

背面是我自製的全國名產列表，不但可以當成話題，還可以確認自己吃過什麼，有種在玩集點遊戲的樂趣。

外景的「哏」
用蛇腹內頁做成筆記以便縱覽

這些都是我使用TRAVELER'S notebook做的外景指南手冊。開場的登場畫面要做的個人技、講的哏很多，於是我會加上插圖，用蛇腹內頁整理起來。因為每天都在寫，馬上就會寫完，所以計畫再補一些！

Q & A

已經用TRAVELER'S notebook多久了？	約半年
假設去無人島，除了筆記本外，會帶什麼？	小孩的照片
用來創作TRAVELER'S notebook的夥伴是？	各種便條紙

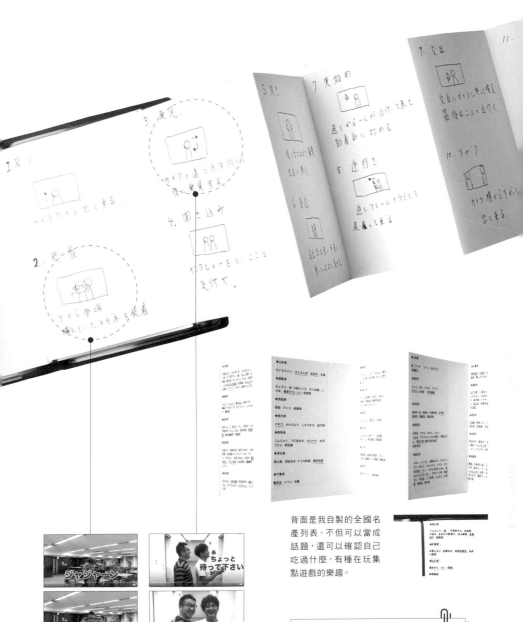

出道20年，由表兄弟組成的搞笑組合「那須中西」，是從漫才表演到外景主持都獲得高評價的資深藝人。在人氣綜藝節目的外景企劃中，負責裝傻的中西茂樹拿出了「那須中西外景指南」，這是一本貼滿了便條紙的護照尺寸旅人筆記本。

「你看得真仔細耶（笑）。沒錯，我相當愛用。在文具店第一眼就被它煞到，覺得真是有夠讚。」

中西茂樹總共持有4本旅人筆記本，依照用途分門別類。究竟是哪一點讓他這麼喜歡這本筆記本呢？

「是皮革吧。皮革這種東西，如果上頭有點使用過的傷痕，不是更好嗎？受傷後成長，然後變成更好的東西，簡直就跟人生一樣嘛。」

除了外景指南手冊，他的筆記本裡最有特色的，就是記錄搞笑哏用的筆記。可以看出笑點歷經許多階段，才終於昇華成腳本的過程。寫設定↓選哏↓畫心智圖↓用數位筆記本工具做成腳本↓印出來貼在想哏筆記本裡↓持續打磨優化……這一步一步真是走得相當複雜。

「就像日本的生漆工藝品也是要經過許多手續才能完成，背後有這些功夫，就會讓人覺得很帥吧（笑）。不過這些準備做起來相當乏味，我只是想盡可能讓它有趣一點而已。像打電動一樣，一面、兩面地破關，這種感覺很讚。我不管做什麼事，都會想在這些工序裡加一些好玩的事或是玩心。」

最近有許多外景工作都需要事前繳交腳本，也表示這些筆記最後都必須數位化。在大部分搞笑藝人都用電腦寫腳本的世道，為何還要堅持手寫呢？

「第一個理由是，我不想忘記怎麼寫字。以前在拍攝現場，竟然所有工作人員都不知道漫才的『漫』字怎麼寫。因為大家都用電腦工作，這也沒辦法，但我不想變成這樣。第二個是自我滿足，完成的時候跟事後回顧起來，真的會很開心。第三，我還是想用這雙手留

“「TRAVELER'S notebook藝人」中西流的想哏流程！”

1

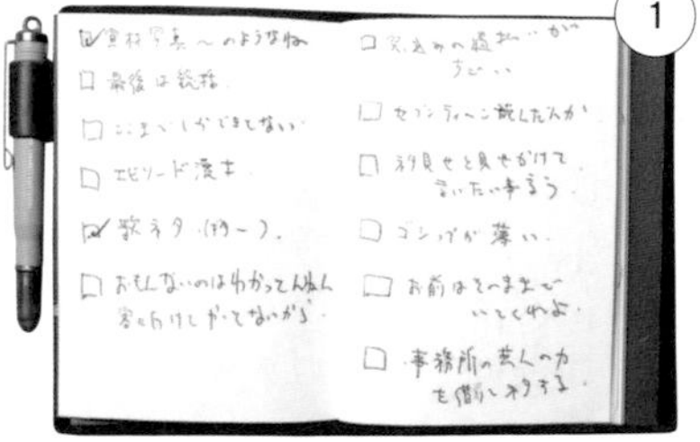

我會在搞笑段子專用的TRAVELER'S notebook裡，先盡可能寫出一堆設定，要是我搭檔那須說有趣，就會在前面打勾。

2

然後像畫心智圖一樣，補上這個設定下能做什麼事情，組織整個段子的框架。左頁的「像這樣捏～」後來就變成我個人現場表演的段子。

4種顏色的TRAVELER'S notebook依用途分類

除了記錄搞笑哏的筆記，我還有學習用、工作用的筆記本。在工作用的本子裡，如果有討厭的事，我就會在車票造型的便條紙上寫「往地獄的車票」。

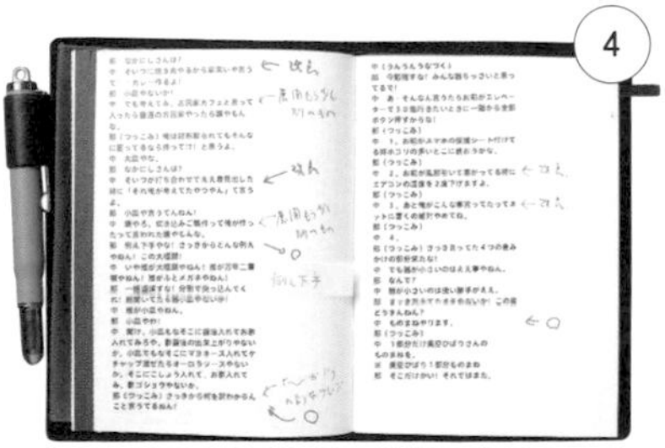

我會把腳本用隨身印表機印成貼紙，再貼在搞笑哏筆記裡。上頭會寫上在舞台上發現要調整的事，經過數位化後再回到類比。

接著在數位筆記板Supernote上用觸控筆手寫，完成腳本的基礎，再用Pomera製作腳本。

我喜歡帥氣或稀奇的東西。除了文具以外，我對眼鏡也很講究，是白山眼鏡店的忠實顧客。一個人工作的時候戴紅框，講漫才的時候戴藍框，外景的時候則是戴黃框，有我自己的一套分類。

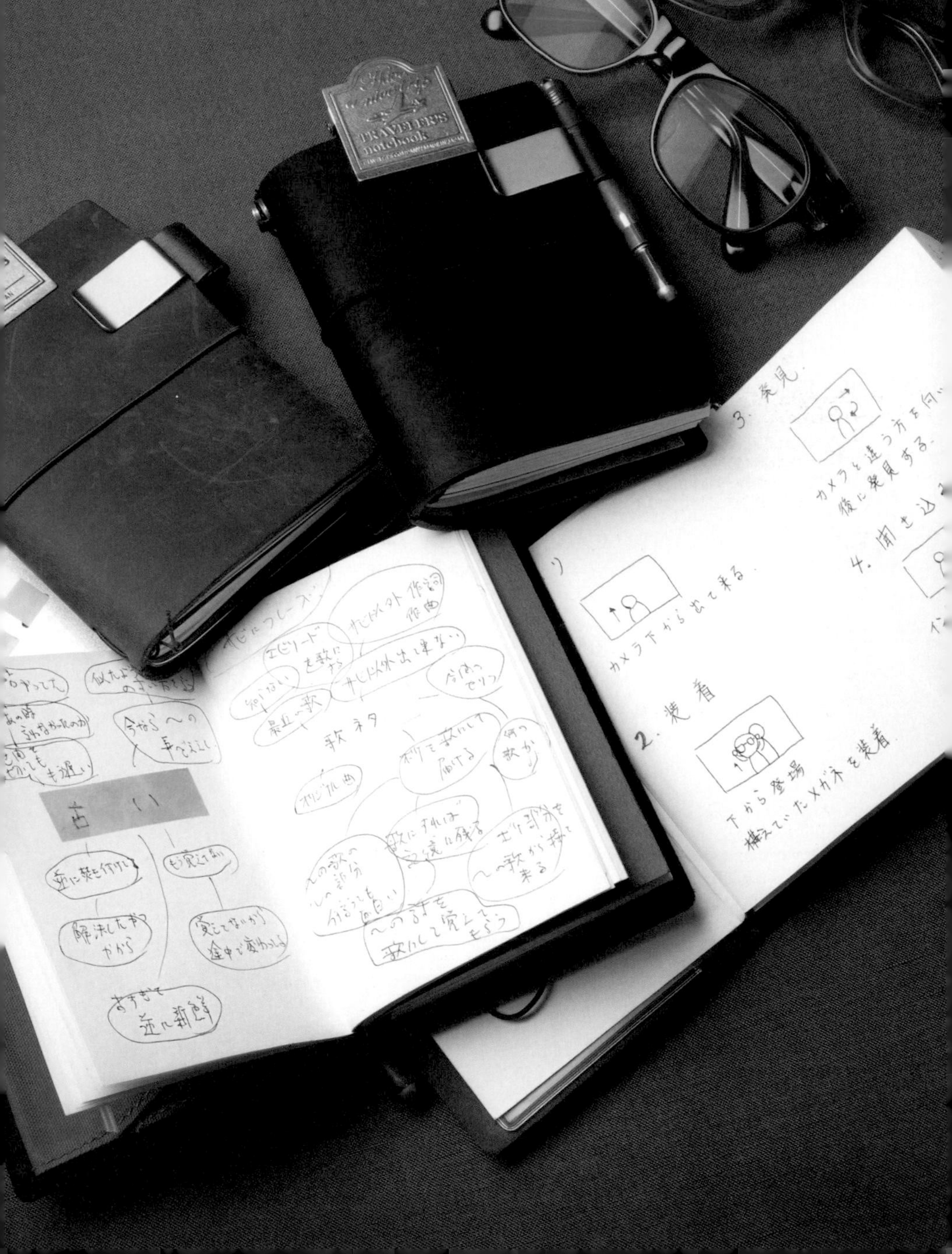

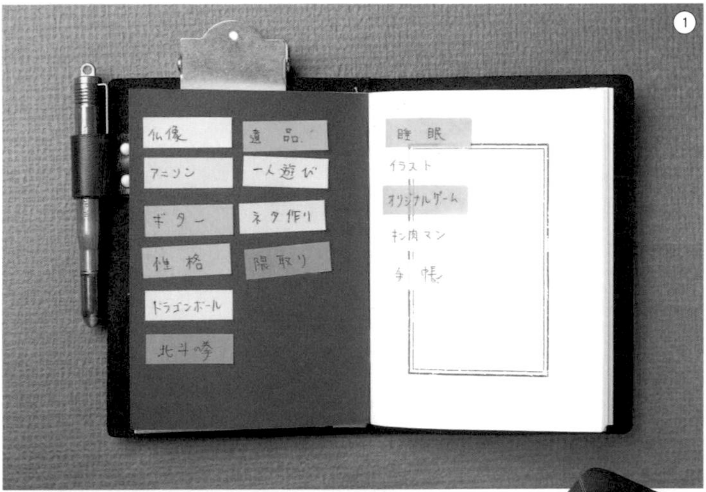

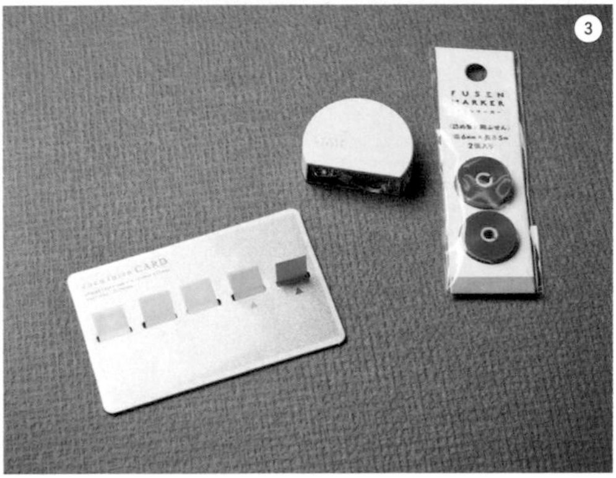

1｜他會把自己的興趣和技能寫在標籤貼上，能在工作派上用場的就移到右頁。2｜充電式的隨身感熱印表機用來製作筆記非常方便。3｜標籤貼依用途不同，分成標註用的和可以撕掉的2種。在調整講哏順序的時候非常好用。

下些什麼。要是我們這個組合以後蓋了資料館，展示的若淨是些印出來的字，或數位機器，那多沒意思。手寫才有味道。你想想，要是挖出海盜船長的日記，結果是用Word打的，根本一點味道都沒有吧？只會讓人想吐槽『怎麼是Word啦！』」

手寫的文字，裝滿了書寫者的個性和當時的情感。覺得想像這件事很有趣，喜歡手寫的中西茂樹說：「以前剛到東京，還沒有工作的時候，我媽常常寫信給我。有時候字跡很草，讓我覺得雖然字面寫的是幫我加油，但搞不好她內心超火……這種焦慮感也讓我告訴自己要振作，好好努力才行。」

私生活中的中西已經是一個孩子的爸。有了家人，讓他想要留下有形物品的念頭更加強烈。無論是搞笑哏、要收進「資料館」的作品，都是以他滿滿的個人風格，每天從他的雙手和紙上不斷創造出來的。

06

SCRAP BOOK

達到超越語言的溝通
我的專屬護照

細井研作／KEN3 TV、生活紀錄家

TOKYO

細井研作與旅人筆記本的交情已經超過10年。堆積如山的筆記，本本都有相當的厚度，一眼就能看出累積了多少回憶。本以為他是打骨子裡愛筆記本的人，他卻說：「其實我是個不折不扣的數位人類，不管照片、行事曆、備忘錄都靠一支智慧型手機搞定，我也很震驚自己竟然會對傳統筆記本如此著迷。」

很早就開始用數位技術創作的細井研作，對類比的事物還是抱持著某種程度的憧憬。

「比方說2009年左右很流行的ZINE。雖然大家都說『紙本書已經完蛋了』，但去了活動現場，卻是盛況空前。深愛紙本的人們熱烈發表他們的心得，那副模樣的衝擊感，留在了我的心底。」

細井研作自己也曾辦過把iPhone拍的照片印出來的攝影展，正當他發現類比創作的表現範圍之廣而感到新鮮時，朋友向他介紹了旅人筆記本。

「封面就只是切割過的皮革，這種粗獷又簡單的設計真的很帥，網站上那些很棒的故事、主題、製造背景也很吸引我。」

不過細井研作既不會畫圖，也不擅長寫字，所以最後他找到了「剪貼」的表現方法。他把手機拍的照片印出來，加上商店的名片、傳單、票根、貼紙等等，任何他能想到的東西貼進筆記本。5吋的照片很難整張貼上，於是他想：「那就剪它吧」，從此運用筆記的手法也更自由了。

「雖然大家會有筆記是用來寫的這種成見，但其實未必是這樣。就算歪歪扭扭，或是沒有一個主題，只要貼就行了。貼東西不需要才能。旅人筆記本容許這種創作，讓我從成規和成見中解放出來。」

為了分享從剪貼中發現的樂趣，細井研作創辦了「貼貼會」，夥伴和筆

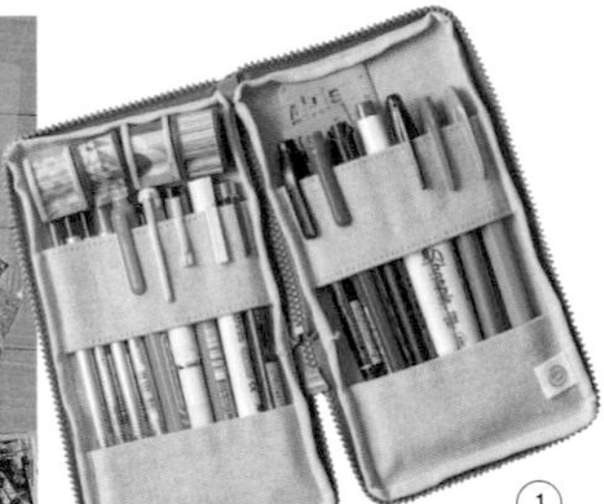

1｜細井把喜歡的筆和紙膠帶裝進了筑紫文具店的筆袋中隨身攜帶。2｜細井研作主辦的「貼貼會」，是個讓大家可以盡情埋首剪貼各種素材的場域。

在韓國
邊走邊吃的紀錄

我習慣用手機拍旅行中吃到的東西。以前只會留電子檔，但自從遇見TRAVELER'S notebook以後，就養成印出來貼進筆記本的習慣了。

在香港參加
TRAVELER'S notebook活動的紀錄

在香港的TRAVELER'S notebook活動，遇見很多來自各國的同好，只要筆記本在手，不需要語言也可以交流。

“ 畫圖寫字不好看也沒關係 剪貼不需要才能 ”

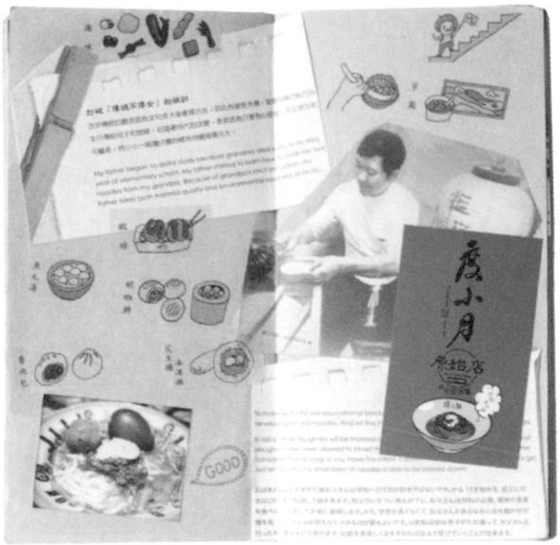

在台灣的
飲食紀錄

台灣名店「度小月」的有名擔仔麵真的讓我驚艷。不管是文字、插圖，都是用紙或貼紙「貼貼」組成的，這點也很細井風。

在台灣的
逛店紀錄

旅行的時候，筆記本也可以變身蓋章本，除了照片，包裝紙、店卡、票根、收據都可以是「貼貼素材」。

我用我的個人品牌「KEN3 TV」刻了印章，自己改造皮革本體的封面。

“筆記有多少旅程就有多少邂逅和感動也有多少”

記本都不斷增加。被旅行回憶塞得滿滿的筆記本，陪著細井遊遍世界。

「去香港參加活動的時候，場上都是來自馬來西亞、泰國、印尼、中國、韓國的同好，完全不會說英語的我，因為有筆記本，竟然也可以跟他們交流。大家看到我的筆記本都笑了出來，當時覺得超級開心，真的還好有去。大概沒有人的筆記本像我這樣被那麼多人摸過吧。」

最近因為疫情，實體活動停辦，貼貼會的活動、輕鬆的旅行也都變成難事。在這狀況下，細井發現了新的樂趣，就是到常去的東京都內公園，一邊野餐一邊翻閱筆記本。

「一個人吹吹風，一頁一頁地看筆記也很棒。雖然我開始用旅人筆記本已經超過10年，還是可以發現新的玩法呢。」

像實體活動這類需要帶著筆記走的時候，我都用旅行用的小收納包來裝。尺寸剛剛好，裡面也不會亂掉，我超級愛用。

Q & A

已經用TRAVELER'S notebook多久了？	➡	約10年
假設去無人島，除了筆記本外，會帶什麼？	➡	未來的太陽能充電式iPhone
用來創作TRAVELER'S notebook的夥伴是？	➡	iNSPiC與instax（照片印表機）

我會把內頁的封面設計得跟內容有關，像在台灣的紀錄筆記就貼上了當地買的花布。

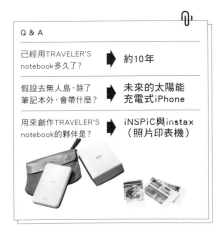

07
PERSONALIZE

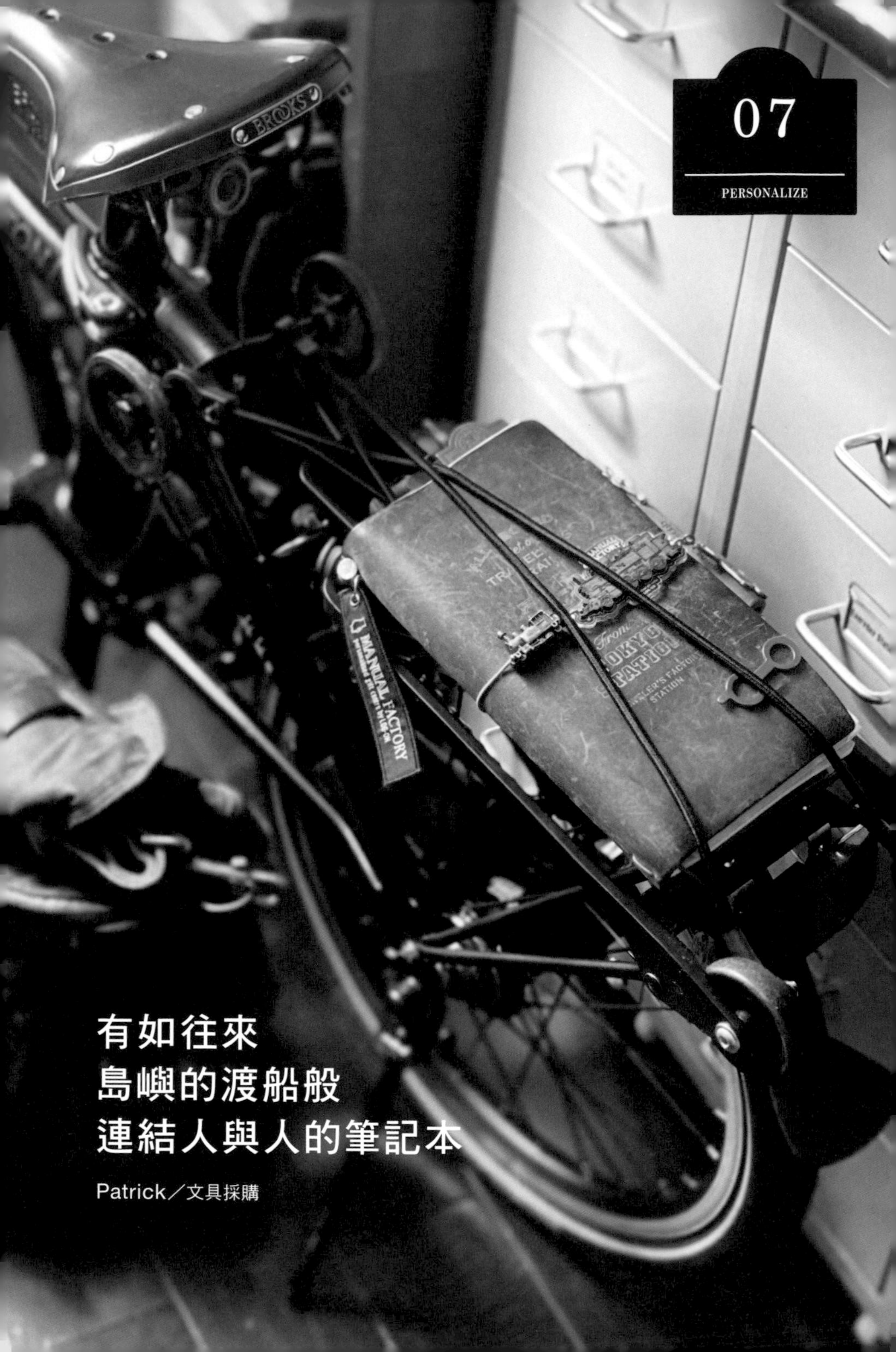

有如往來
島嶼的渡船般
連結人與人的筆記本

Patrick／文具採購

1｜Patrick用林布蘭塊狀水彩畫的作品。2｜內頁的封面，Patrick會選一些跟內容主題相關的貼紙拼貼，設計出個人化的封面。3｜Patrick曾挑戰過印章、塗漆、皮革雕刻等技法，為皮革封面增添變化。4｜Patrick最常用的一本筆記本，上頭加了火車和飛機的吊飾。黃銅筆則故意用藥劑處理過，讓它變色。

以香港的city'super為首，Patrick身為文具採購者的身分，在上海、台灣的生活風格選物店大為活躍。在他的Instagram、部落格中經常出現的旅人筆記本，每一本都洋溢著他對筆記本的愛，也充滿了暢玩筆記本生活的妙點子。

Patrick是在2005年遇見旅人筆記本的，當年的ISOT（國際文具、紙製品展）上，旅人筆記本發表了最早的概念，造訪攤位的Patrick第一眼就留下了「I love it!」的印象。

「首先是我覺得它的設計非常優秀，而且在攤位上與企劃者聊到整體概念，讓我很有共鳴。我看到它有很大的可能性，回國後馬上請他們寄一本給我，就開始用了。直到現在我都非常愛惜著那本筆記本。」

閱文具無數的Patrick，認為旅人筆記本最大的魅力點，在於可以配合使用者的個性「個人化」。

Q & A

已經用TRAVELER'S notebook多久了？	約15年
假設去無人島，除了筆記本外，會帶什麼？	工作熊玩偶（MANUAL FACTORY BEAR）
用來創作TRAVELER'S notebook的夥伴是？	好奇心和挑戰精神

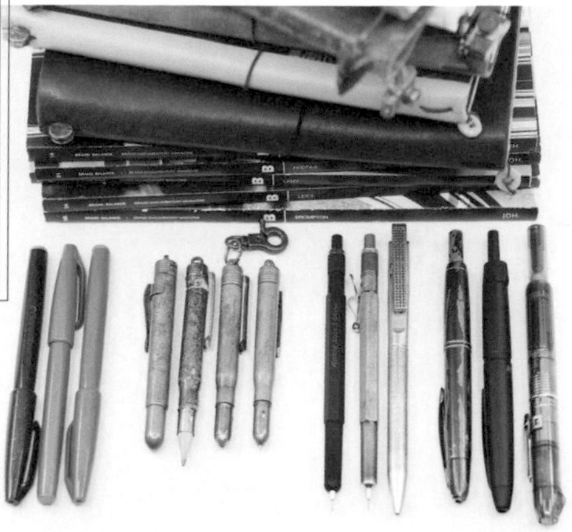

Patrick喜歡簽字筆、黃銅筆和製圖筆，鋼筆則用按壓式的，一個動作就可以開始筆記。

Patrick把工作行程、會議筆記、待辦事項等商務情境會用到的內容統整成一本筆記本，相當方便。

“ 無論內頁或封面
都花費心思設計
有如獨一無二的搭擋 ”

筆記用的內頁
我重視取出的方便性

例如開會用的筆記，或用來記錄靈感的筆記這類內頁，Patrick不會以橡皮繩固定，而是只用書籤繩夾著隨身攜帶。如此一來，要迅速拿取某本內頁的時候就很方便。

自製的
筆套

有些筆的尺寸較粗，所以Patrick會在防水紙上縫皮革，自己做成筆套。沒有的東西就馬上自己動手做，這種行動力也很有Patrick的風格。

「旅人筆記本商品正式上市後，許多合作店鋪都開始陳列，我的筆記本被當成使用範例放在店頭展示，許多客人都說『比起全新的，更想要那本範例』。有很多經典筆記本都獲得來自世界各處的支持，但像旅人筆記本這樣，可以讓每個使用者個人化的筆記本，放眼業界是前所未有的。」

Patrick也依照自己的使用習慣，把旅人筆記本改造得更順手。每本皮革封面都掛上吊飾是基本，他還會自己製作檔案夾和筆套。或為封面加上彩繪或刻上圖案、在內頁封面貼上貼紙……如此充滿個人風格的旅人筆記本，對Patrick而言，就有如一位相識15年的老朋友。而這位老朋友，還會成為結識新朋友的橋樑。

「在旅人筆記本的玩家圈子裡，除了官方活動會聚集許多同好，還有很多個人舉辦的粉絲見面會。大家面對面分享自己的筆記本，是件非常有趣的事。透過筆記本，我也交了很多新朋友。如果每個人都是一座島，我覺得旅人筆記本就像是在島嶼間往來的渡船。專屬於我的旅人筆記本，真的就像是在一座座島嶼間航行般，不斷帶我前往新的邂逅。」

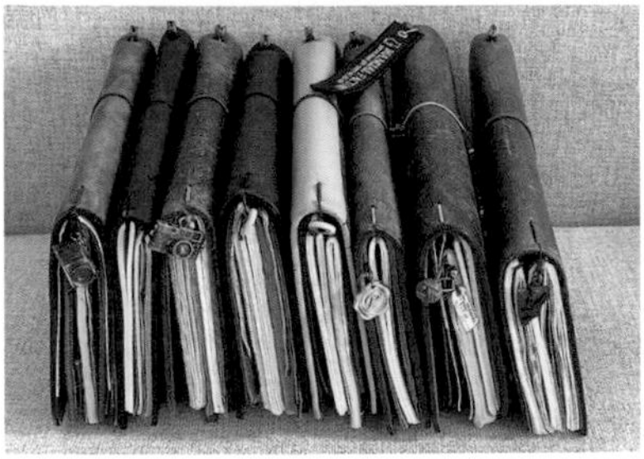

Patrick收藏了許多TRAVELER'S FACTORY店鋪限定款、聯名款封面。他會用吊飾、塗裝等方法來為每本封面增添風格，與個人的連結就更緊密了。

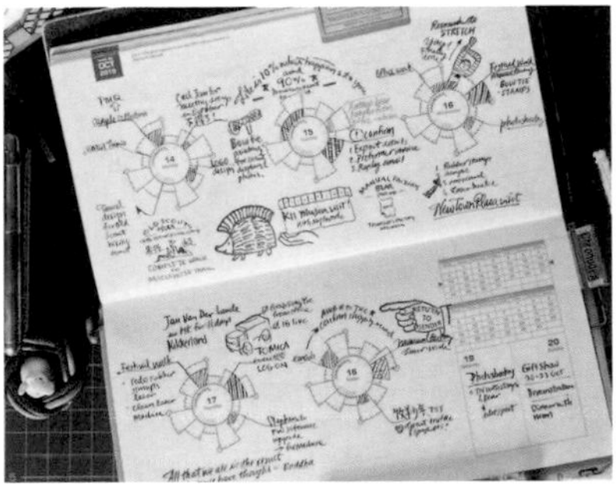

用原創行事曆
管理時間

Patrick的行事曆，是用自己發明的時間管理工具「圓錶圖（Chronodex）」。他也在網路上公開可用於旅人筆記本的格式，供同好下載。

催生商業點子的
插圖

也擅長繪圖的Patrick，經常把開會時想到的點子畫成插圖，這些畫下的內容，有些也被當成新商品的企劃原型。

08

FREE STYLE

隨興地記錄筆記本就是儲存腦海中浮現詞彙的暫存庫

庄野雄治／烘豆師

位於德島縣的aalto coffee，店主庄野雄治與旅人筆記本的相遇，是在筆記本上市沒多久的事。雖然喜歡的口味各有不同，但旅人筆記本團隊都喜歡咖啡，而團隊造訪aalto coffee，就是庄野與旅人筆記本邂逅的契機。

「我很容易被帶有體感的事物吸引。像是能用手觸碰的東西，或者可以直接體感的事物。我非常喜歡東西上頭累積傷痕、帶有鏽斑，或是漸漸腐朽的樣子。全新的東西什麼時候都可以買得到，但累積歲月的物品是有錢也買不到的，最棒的是每一件都獨一無二。所以旅人筆記本真的是很合我的意。」

雖然筆記本資歷長達15年，但庄野雄治對寫筆記這件事卻沒有什麼執著或企圖心，想寫的時候就寫，也不會勉強自己，一直以來都和筆記本保持著很庄野式的距離感。

他會在筆記本裡寫的內容，包括讀

庄野雄治本來就不是文具控，所以對筆記本或筆沒有什麼強烈的堅持或講究。除了一支黃銅筆，他習慣用任何想到的時候能馬上拿到的筆來寫筆記。

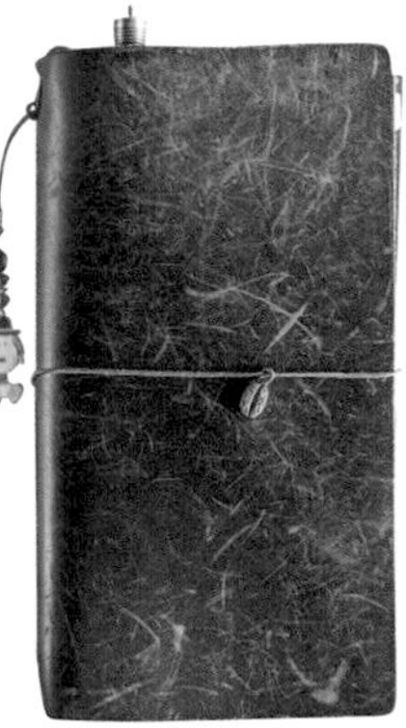

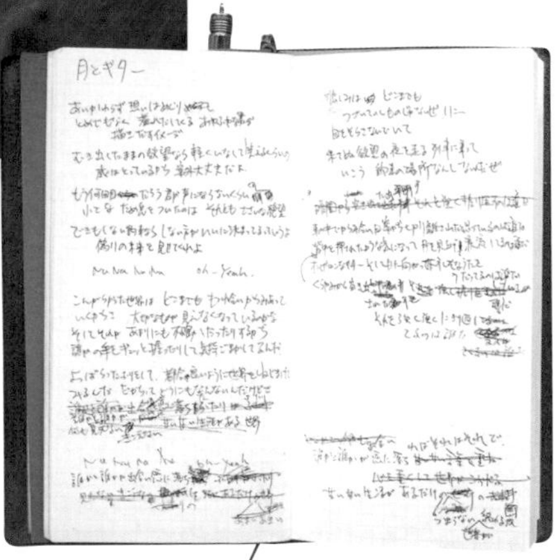

筆記本的橡皮繩上繫著咖啡豆吊飾。上方的頁面中寫著題為〈月與吉他〉的詩。神奇的是，據說他從沒寫過跟咖啡有關的筆記。

Q & A	
已經用TRAVELER'S notebook多久了？	約15年
假設去無人島，除了筆記本外，會帶什麼？	小刀
用來創作TRAVELER'S notebook的夥伴是？	黃銅筆

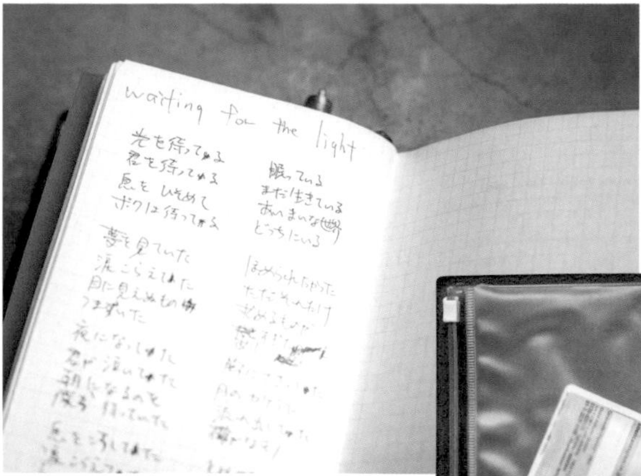

由短句構成的詩，簡直就像歌詞。在紙上動筆，劃掉字詞並改寫，對庄野雄治而言就像是把思考過程保存下來的重要工作。

當成皮夾用的筆記本

隨身物品很少，總是很輕便的庄野雄治，自從發現如果把現金和信用卡放在夾鏈袋裡，就連皮夾都不用帶了，於是經常只帶著一本筆記本出門。

> “不是想到什麼馬上寫
> 而是只記錄那些留在記憶裡的詞語”

庄野雄治以TRAVELER'S notebook的形象獨家烘製調配的咖啡豆，也在TRAVELER'S FACTORY販售。特色是口感清爽，苦味柔和，餘韻溫潤。

「我做了大概15年的烘豆師，直到最近幾年才開始覺得，我烘的咖啡味道比較穩定了。今後就是要好好回饋那些一直支持我的客人。」

書或旅行時的心得，或是一邊喝咖啡一邊思考時，在腦中浮現的詞彙或點子。

「以前我只是把這些想到的事放在腦袋裡，從來沒有試著寫出來過，但自從開始使用筆記本，就養成了寫下來的習慣。」

這些詞彙，有時就像小說或詩般連綴在一起。但他也從不給這些作品特別待遇，舉凡合作媒體的版面規劃等工作筆記，到生活必須的個人資訊，全部都寫在同一本筆記本裡。

不被任何人事物強迫，隨興所至享受的筆記本生活，庄野雄治認為最適合用來搭配的咖啡，是「不強調自己的好喝，幾乎讓人意識不到，人人都可以輕鬆喝的，像水一樣的咖啡。」

「我覺得未必要『一定得這樣才行』，幾乎放著不管的這種狀態比較輕鬆，不管是咖啡還是寫筆記本。畢竟，好不好喝、開不開心這種事，說到頭來都是因人而異的。」

Column

採訪時發現
使用者們的
筆記本運用訣竅！

配合自己的生活型態，
自由自在暢玩筆記本的愛用者們。
他們的筆記本與周邊產品，
充滿了各式各樣的點子。
在你的開心筆記本生活中，
請務必參考看看！

「擁有2種尺寸」是主流!?

▲細井研作

MAIKOHAN▶

2種尺寸的筆記本，可以依照個人偏好或使用情境分開使用，有不少使用者都擁有2本筆記本，封面顏色可以一致，也可以故意選不同的顏色。有些人會一本放家裡，一本帶身上。

積極嘗試
限定款或新商品！

▼瀧口重樹

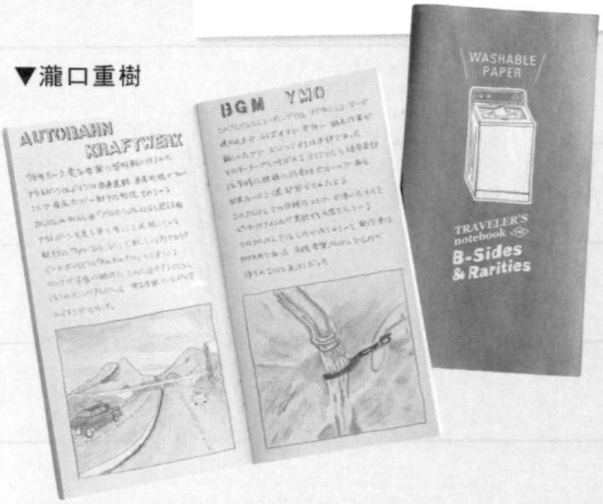

▼山田稔明

在這次的採訪中，發現有許多人都在用新款或聯名款的封面、內頁。也有人會為了追求適合自己的款式，而混搭各種類型的內頁。當然如果有自己喜歡的「個人經典款」，持續用下去也很好。

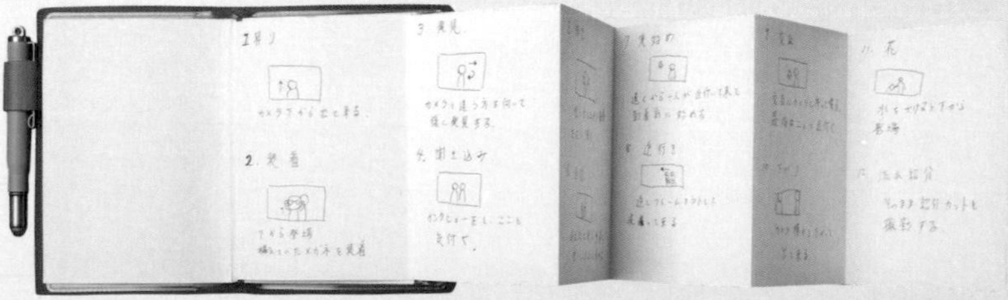

▲中西茂樹

夾子是必需品！

◀成田秀

寫筆記時不用說，要拍攝寫好的筆記時，夾子非常好用。官方推出的黃銅夾有著適度的重量感，可以把頁面夾得很美。

內頁的封面
也可以自由拼貼

▲Patrick

▼Aki

內頁的封面也要個人化！可以貼上喜歡的貼紙、膠帶，或是旅行購物時入手的標籤貼、包裝紙，甚至畫上插圖，隨個人喜好暢玩一番。

保管方法也因人而異

▼Mini_Minor

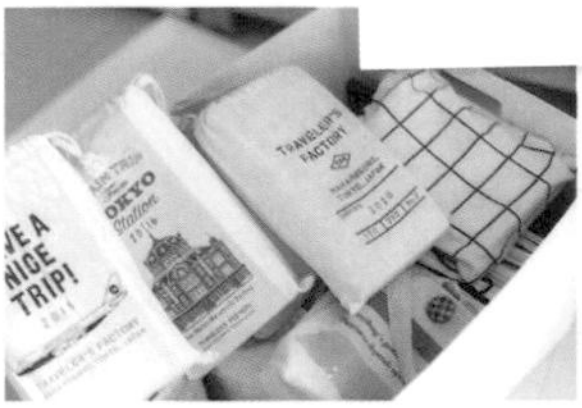

累積下來的筆記作品，只要妥善保管，將來就可以拿來回顧，這是最棒的一點。無論是裝進袋子，或是使用專門的內頁收納夾，甚至裝進皮箱，請一定要依照個人習慣好好保管。

Tamy▶

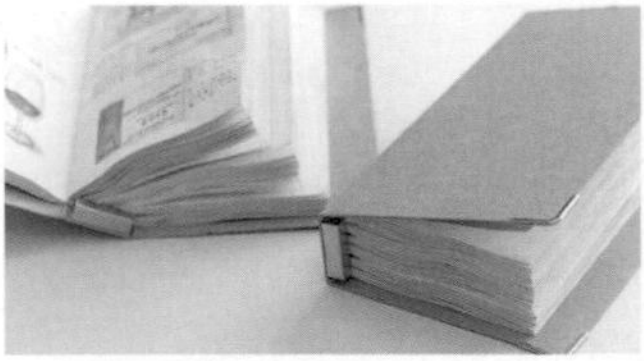

▲愛@隨興旅人

眼光獨到的愛用道具！

◀河野仁

Mini_Minor▶

與筆記本有著切身關係的文具，同好間的情報交流也相當熱烈。從容易入手的便宜書寫筆，到國外製造的專家專用品，不妨依照自己的風格選購。

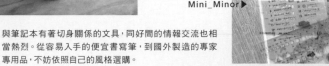

愛貓May與我
共同發現的日常

Naguinness／插畫家
Instagram：@hobonekonohibi

09
4-FRAME CARTOON

愛用無印良品的四格便條紙

漫畫的外框是用無印良品的短箋型便條紙，保存時會在四周塗上立可帶式雙面膠，或是貼上貼紙裝飾。

使用自來水筆和灰色麥克筆畫漫畫

雖然現在是用自來水筆和灰色麥克筆畫線稿和陰影，但關於用筆還在摸索中。另外還有一本護照尺寸的筆記本，當成記錄靈感的本子。

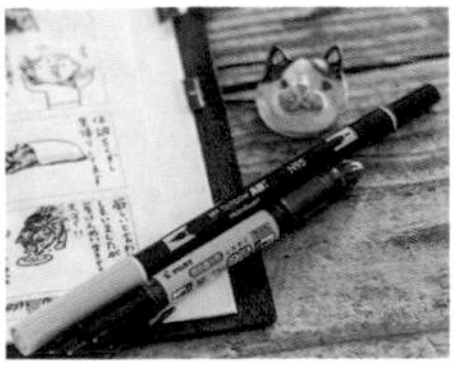

看到生魚片就開心得抬起單腳，看到吹風機就逃跑，表情相當豐富的貓咪May，既是插畫家Naguinness的愛貓，也是四格漫畫的主人公。

Naguinness是在2018年遇到May的。牠是一隻因為前飼主過世而被收容機構接手的公貓，當時已經10歲了。「雖然是男生但是叫May。開始養牠以後，因為太想告訴大家May有多可愛，就開始在部落格上分享四格漫畫。」

Naguinness開始在Instagram上分享作品後，不只是愛貓、愛動物的人，連喜歡文具的人都會追蹤他的貼文，讓他發現了新世界，覺得相當新鮮。

正當他在尋找保存這些累積作品的方法時，隨手將作品貼在旅人筆記本的內頁上，赫然發現剛剛好。從此之後，標準尺寸的筆記本就被他用來保存漫畫作品。

四格漫畫也能被用在創新的表現

個人精選故事
“「吞掉狗尾草的May」”

給May看了狗尾草，結果牠太興奮，把整個草穗都吞下去了。魚骨吊飾是在百円商店買的。

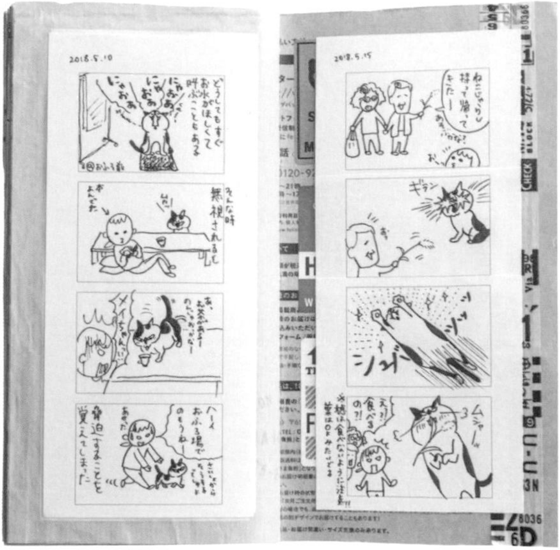

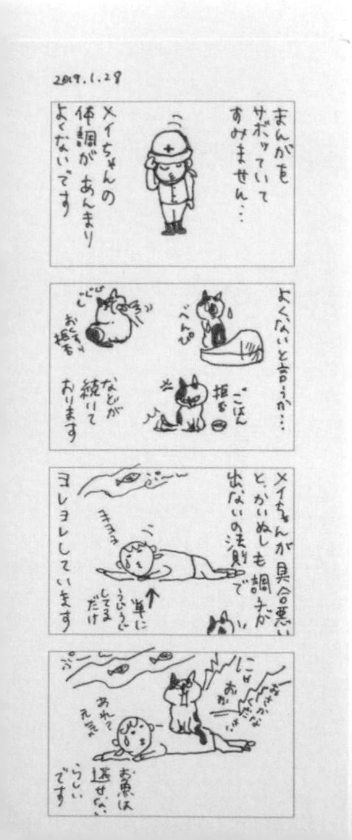

May過世後，想像牠在天國遇到前飼主的場景而畫的漫畫。撒嬌的May看起來很幸福。

喜歡的作品
“「在天國遇到前飼主了嗎？」”

用自製的回收物筆記本保存漫畫

回收物筆記本就是用包裝紙或紙袋做成的剪貼簿。配合想要收藏的漫畫頁數製作筆記本。

Q & A

已經用TRAVELER'S notebook多久了？	約1年
假設去無人島，除了筆記本外，會帶什麼？	觀察東西時要用的眼鏡
用來創作TRAVELER'S notebook的夥伴是？	四格便條紙和貼紙

方法中。有天，他在網路上發現一個影片，教人如何收集不要的紙張，做成剪貼簿或是「回收物筆記本（Junk Journal）」。

「我因為興趣收集了不少包裝紙，於是就想到可以試著製作保存漫畫用的內頁。」

在Naguinness配合標準尺寸筆記本製作的回收物筆記本中，也保存了他剛開始畫漫畫時的作品。

與Naguinness一起體驗各種事的May，在2019年去當小天使了，但只要有這些四格漫畫，隨時都能想起與May的回憶。

「有次我睡得正熟的時候，May一屁股坐到我臉上，像這種小事也很幸福。有篇漫畫就在畫這件事，真的是有很多回憶，是我非常喜歡的作品。」

Naguinness幾乎每天都會去散步，因為想要隨時畫下看到的事物，所以隨身攜帶一本護照尺寸的筆記本，當成靈感筆記。

「在May之後來到我家的貓咪小安，後來也因為生病回去保護機構而過世了。雖然很難過，但跟牠一起度過的時光和那些筆記都是我的寶物，雖然現在沒有養貓了，但散步時遇見的事情和發現，都會變成漫畫的點子。」

繫在筆記本封面上的陶製貓徽章，據說是別人送給他的，讓他可以時常回憶小May。

「裝在封面上雖然會讓皮革受傷，但這樣也很有味道，就像是May也在守護著我一樣。」

題為《幾乎都是貓的日常》的四格漫畫作品，包含回收物筆記本在內，已經累積了好幾本。Naguinness把它們好好地收藏在書櫃裡，時時拿出來回顧。

隨著畫圖而不斷加深並且傳播的YMO愛

瀧口重樹／插畫家

Instagram：@shigedoze

10

YMO LOVER

由細野晴臣、高橋幸宏、坂本龍一組成的音樂團體「黃色魔術交響樂團（Yellow Magic Orchestra，通稱YMO），插畫家瀧口重樹擷取他們活躍而令人印象深刻的場面，化作一幅幅韻味十足的水彩畫。

瀧口重樹是在2019年的春天開始畫圖。從公司離職，準備踏上新的人生道路時，在文具店拿起了偶然發現的旅人筆記本，並把它當成日常紀錄的夥伴。「我一開始是用護照尺寸的筆記本，我會在裡面畫一些繪圖日記，記錄帶著它走訪的地方；也會在裡頭寫一些關於我喜歡的電影、書、音樂的事。YMO也是，因為我喜歡他們的音樂，就從介紹他們的專輯開始畫。」

2020年他入手了京都版的皮革封面，於是也開始使用標準尺寸的筆記本。因為紙面較大，所以他也用自己的方法，嘗試單頁的使用規劃，以及內頁與畫材的組合等各種技法。經過摸索，瀧口重樹最後將形式定成每頁畫一張圖，圖說則不採手寫，而是用Instagram的貼文補充說明。

如果要畫YMO的畫，必然得了解每個場景背後的故事。觀看過去的影帶、買當時的官方粉絲書不斷翻閱，這些調查的時間，對瀧口重樹而言也成了獨特的時光。

「我覺得我已經是長年的死忠粉絲

1｜瀧口重樹擁有Regular Size和Passport Size 2本筆記本。**2**｜高橋幸宏的軍帽、細野晴臣的貝斯、坂本龍一的墨鏡，插畫掌握了每位團員的特徵。

1｜平常寫筆記時，瀧口重樹喜歡用黃銅系列的文具。他會把文具裝進yuruliku的撞色筆袋中隨身攜帶。
2｜瀧口重樹剛開始畫插畫時，是採文章和插圖安排在同一頁的規格，當時用的色鉛筆、顏料等畫材跟現在也不一樣。

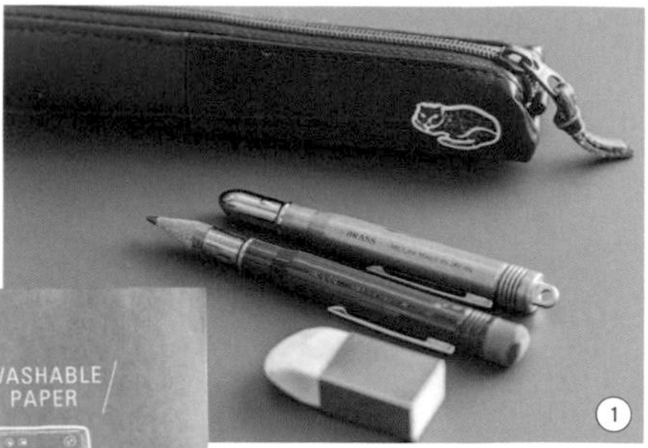

1

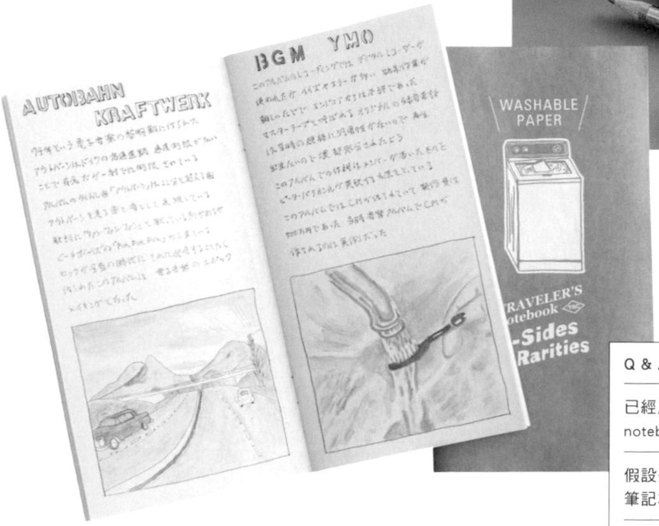

2

Q & A		
已經用TRAVELER'S notebook多久了？	➡	約3年
假設去無人島，除了筆記本外，會帶什麼？	➡	收音機
用來創作TRAVELER'S notebook的夥伴是？	➡	透明水彩和粉蠟筆

“嘗試各種內頁和畫材後才確立現在的形式”

了，但真的開始查資料才驚覺，竟然還有這麼多我不知道的事。讓我深深感受到，原來在畫畫之外，『知道』也可以這麼開心。」

此外，藉由在網路上分享畫作，能與許多素未謀面的人交流，也成了新的樂趣。

「看到網友說『我也喜歡YMO』或是『你畫得真棒』真的會很開心。雖然應該不太會在現實生活中碰面，但卻能感受到YMO的粉絲真的很多。一般會覺得Instagram都是年輕人在用，但我也收到很多比我年長的人的回饋。」

簡直就像透過SNS傳播對YMO的愛，瀧口重樹的筆記本還創造了人與人的連結。以後他也可能會繼續深掘其他題材，或因為發現新的內頁、畫材而改變風格，到了那時候，又會傳播怎樣的想法呢？真是樂趣無窮。

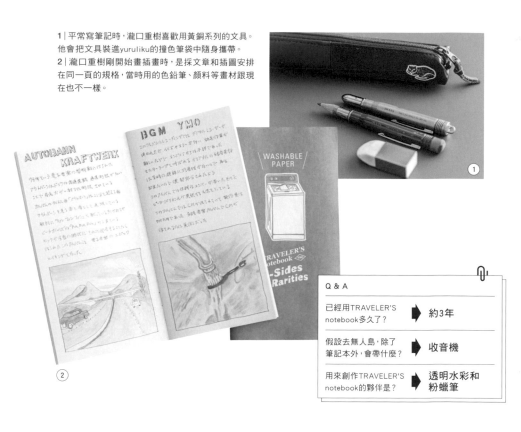

使用的畫材
主要是透明水彩

這張風格獨特的插畫是用透明水彩畫成的。用吸飽水的筆沾濕紙面，再慢慢渲染堆積色彩。這本的內頁是超輕量紙。

透明水彩和壓克力顏料不同，從軟管中擠出來就可以用。瀧口重樹按照彩虹的順序，把色相相近的色彩依序擠在調色盤裡使用。

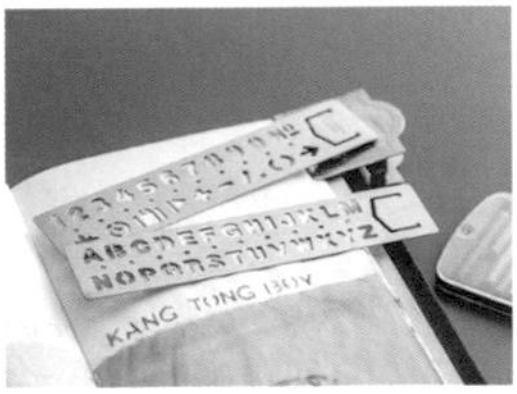

與插圖搭配的標題字，瀧口重樹會利用字母尺來統一字體，並使用迷你色鉛筆描字。

有時也會用
粉蠟筆創作

粉蠟筆也是瀧口重樹喜歡的畫材之一。這張插圖描繪的是1982年YMO在電視節目上表演模仿，是相當珍貴的場面。

11

FLIGHT / HISTORY

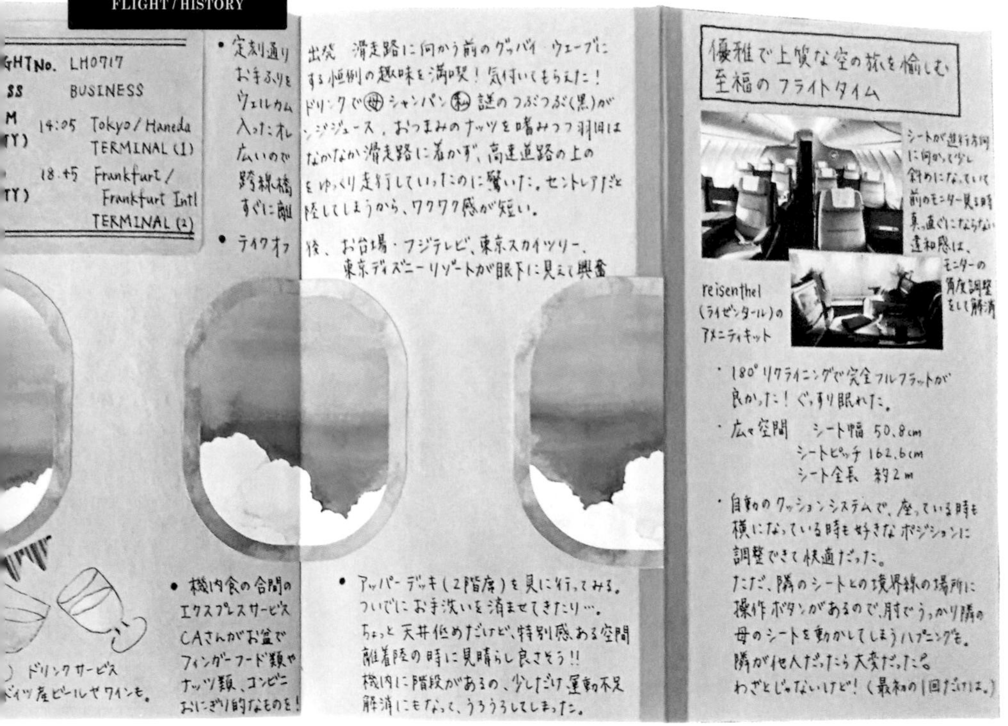
GHT No. LH0717
SS BUSINESS
M 14:05 Tokyo/Haneda
TY) TERMINAL (1)
18:45 Frankfurt/
TY) Frankfurt Intl
TERMINAL (2)
・定刻通り
お手ふりを
ウェルカム
入ったオレ
広いので
跨線橋
すぐに離
・テイクオフ
出発　滑走路に向かう前のグッバイ・ウェーブに
する恒例の趣味を満喫！気付いてもらえた！
ドリンクで㊊シャンパン㊎謎のつぶつぶ(黒)が
ンジジュース。おつまみのナッツを嚙みつつ羽田は
なかなか滑走路に着かず、高速道路の上の
をゆっくり走行していったのに驚いた。セントレアだと
陸してしまうから、ワクワク感が短い。
後、お台場・フジテレビ、東京スカイツリー、
東京ディズニーリゾートが眼下に見えて興奮
優雅で上質な空の旅を愉しむ
至福のフライトタイム
シートが進行方向に向かって少し斜めになっていて前のモニター見る時真っ直ぐにならない違和感は、モニターの角度調整をして解消
reisenthel (ライゼンタール)のアメニティキット
・180°リクライニングで完全フルフラットが良かった！ぐっすり眠れた。
・広々空間　シート幅 50.8cm
シートピッチ 162.6cm
シート全長 約2m
・自動のクッションシステムで、座っている時も
横になっている時も好きなポジションに
調整できて快適だった。
ただ、隣のシートとの境界線の場所に
操作ボタンがあるので、肘でうっかり隣の
母のシートを動かしてしまうハプニングも。
隣が他人だったら大変だったな
わざとじゃないけど！（最初の1回だけは。）
・機内食の合間の
エクスプレスサービス
CAさんがお盆で
フィンガーフード類や
ナッツ類、コンビニ
おにぎり的なものを！
) ドリンクサービス
ドイツ産ビールやワインも。
・アッパーデッキ（2階席）を見に行ってみる。
ついでにお手洗いを済ませてきたり…。
ちょっと天井低めだけど、特別感ある空間
離着陸の時に見晴らし良さそう!!
機内に階段があるの、少しだけ運動不足
解消にもなって、うろうろしてしまった。

重現坐飛機時所見景色的筆記。窗框的插圖讓人一看就知道是在飛機內。從紀錄中也能感受到初次搭乘上層客艙的興奮感。

筆記本和行李箱擴張了我的創造之翼

愛@隨興旅人／歷史、旅行筆記研究家
Instagram：@ai.love_14

熱愛旅行的愛小姐，她用來當成旅行紀錄筆記本的，是牛皮紙的內頁。問她為什麼堅持使用牛皮紙，她說：「它的紙質有點粗，書寫的時候會刮刮的，就會讓我想像自己在寫古老的羊皮紙，這點最有魅力。」

「我是用處理古書的心情書寫。這些筆記可以讓我盡情沈浸在興趣的世界裡，已經不只是單純的紀錄紙了。」

這些旅行筆記的開端，是她在2014年前往憧憬的匈牙利、捷克、奧地利旅行，正在考慮要選擇哪種記錄方法時，遇見了旅人筆記本。

「我很喜歡調查那些有歷史背景的

德國
「斑鳩小巷」的
漫步紀錄

「腳邊鬆動的石板會絆倒人，要注意！」以及「萊茵河的水位低到能看見河床」等，寫滿了旅途的發現。

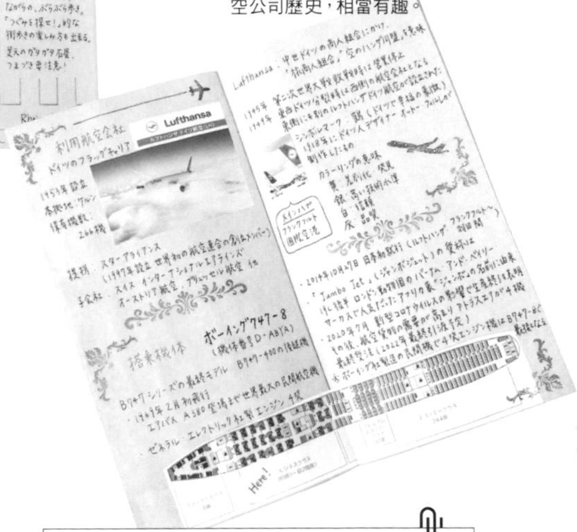

漢莎航空的
調查報告

公司的歷史、乘坐的波音747機體，甚至是自己的座位位置（！）都詳盡記錄。從中可以了解機身塗裝色彩的意義和航空公司歷史，相當有趣。

法蘭克福
散步地圖

依照散步的路線標上編號，相當易懂。筆記中標上了歐洲中央銀行的標誌，和法蘭克福老城區的特徵，在下次的旅程中也能派上用場。

Q & A

已經用TRAVELER'S notebook多久了？	約7年
假設去無人島，除了筆記本外，會帶什麼？	腦中的想像和思考
用來創作TRAVELER'S notebook的夥伴是？	PILOT的鋼筆與藍色墨水

事物並寫下來，我覺得旅人筆記本的故事、哲學，跟我的興趣方向很有共鳴。我想要做出像扳機一樣，一翻閱就會馬上喚醒旅行記憶的筆記，所以不停地記錄。」

保存這些筆記的皮箱，對她而言也是為了創造的必須道具。

「每次打開箱蓋，就像打開我的妄想開關，覺得寫筆記的魔法時間開始了。在旅行時無法化為言語的感動，也可以用這種形式留下來。可以不斷吐露自己、失敗也不用害怕，旅人筆記本就是給人這種壓倒性的安心感。」

用來保存筆記的皮箱，是愛之前曾經相當喜歡而買的哈利波特周邊商品。

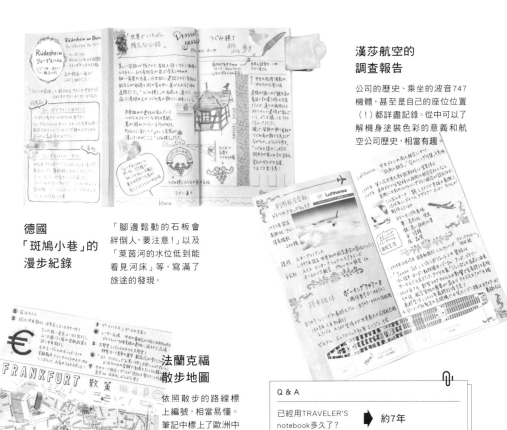

愛吃主婦實現了插畫家夢想

Ｔａｍｙ／插畫家
Instagram：@tamytamy2015

12

FOODIE LIFE

在網路媒體等平台上都有連載的人氣插畫家Tamy，雖然從以前就夢想能當插畫家，但婚後卻同時肩負育兒和照顧公婆的責任。在尋求專屬於自己的自由時間時，她遇上了旅人筆記本，沒想到在Instagram上分享了自己的作品，食物的插畫竟獲得了100多個讚。

「我真的很愛吃東西，所以會在處理完家事，並哄孩子睡覺後開始畫食物的插畫。在筆記本裡畫圖，對我來說就是犒賞自己的時間。」

於是，她的作品也引來媒體邀約，從2016年2月開始連載與飲食相關的插畫專欄。

「我過去一直都是努力為了家人而活，真的沒想到能像現在這樣。都40多歲了還能實現夢想，真的很驚喜。這都是旅人筆記本的功勞。」

Q & A

已經用TRAVELER'S notebook多久了？	約6年
假設去無人島，除了筆記本外，會帶什麼？	剪刀（做衣服等東西的時候也能派上用場！？）
用來創作TRAVELER'S notebook的夥伴是？	櫻花文具的Pigma水性簽字筆和Faber Castell的色鉛筆

作品用內頁專用的收納夾保管，她使用帶有厚度，顏色不會透到背面的水彩內頁。

好吃麵包的紀錄

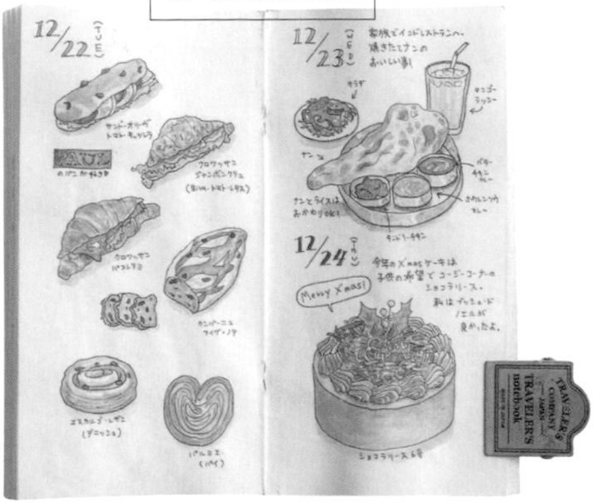

午餐與下午茶的紀錄

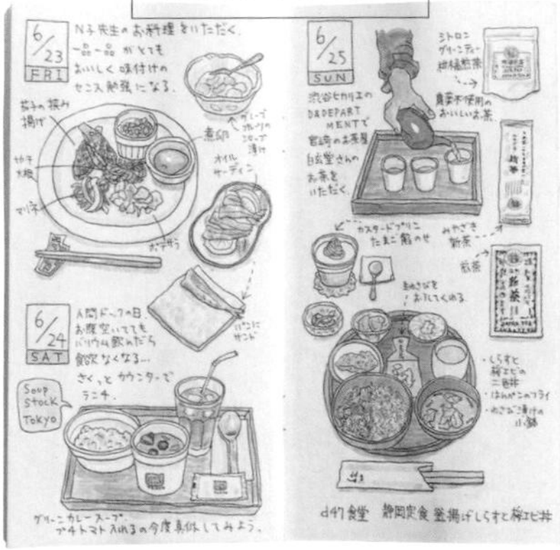

小孩的惡作劇也成為很好的紀念

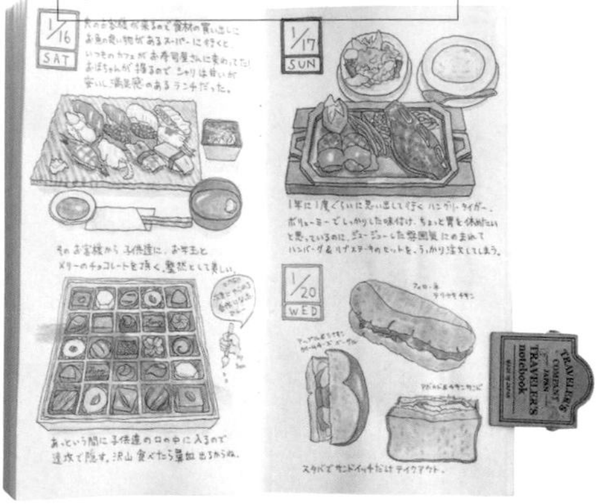

每張插畫都讓人肚子咕嚕叫。為了讓食物看起來更好吃，Tamy在「燒烤的色澤」上特別用心。

把心情寄託在鋼珠筆畫

SAKU路／突然極限藝術家

Instagram：@skrartagram

13

ART DIARY

對SAKU路而言，把心情畫在筆記本上這件事，就像是人生的旅程。他用三菱的中性鋼珠筆「Uni-ball Signo」創作，把每一天留在印象裡的事物畫在牛皮紙內頁裡。讀過的漫畫、造訪的地方、草花植物……題材相當多樣。

雖然SAKU路從小就有畫圖的習慣，卻在育兒期間一度中斷。他在Instagram上看到許多人分享自己的插畫，於是以孩子大了為契機，在2016年開始用筆記本畫日記。

對他而言最重要的是，直率地表現自己感受到的一切。

「沒有什麼特別印象深刻事情的日子，我就只畫那些想畫的東西。畢竟是記錄心情用的，我覺得這樣也沒關係。」

在SNS上分享的圖畫日記廣獲好評，於是2019年他在咖啡店舉辦名為「繪日記喫茶」的個展。觀展者觸碰作品留下的傷痕，也成為筆記本的風情，現在變成了重要的紀錄。

SAKU路喜歡用Uni-ball Signo極細0.38mm來創作，他會用藍黑、深咖啡等4種顏色。白色的部分則是用三菱的白色鉛筆厚塗。

Q & A

已經用TRAVELER'S notebook多久了？	➡	約5年
假設去無人島，除了筆記本外，會帶什麼？	➡	音樂播放器
用來創作TRAVELER'S notebook的夥伴是？	➡	三菱鉛筆的Uni-ball Signo

在個展上使用的皮革封面。展示筆記本時，他希望觀展者看到的不只是內頁，而是帶著書衣的狀態，所以準備了好幾本。

繪畫的題材是日常的發現

看過的電影，或是覺得好吃的美食，插畫內容相當多樣化。現在這種加上框線的形式，是花了3年左右才確立下來的。

TRAVELER'S notebook是育兒馬拉松中的療癒

Aki／熱愛手帳的媽媽
Instagram：@aki10notebook

普拉多美術館「神話的熱情」展

夫婦都很喜歡美術鑑賞，特別喜歡繪畫作品。造訪美術館或展覽會時，留下當時的紀錄，已經成了他們的樂趣。

倫敦旅行的紀錄

Aki非常喜歡旅行，為了讓想要經常回味旅途的西班牙老公也能讀懂，筆記是用西班牙語寫成。

14

CHILDCARE DIARY/TRAVEL

「生完大兒子後，因為是第一次開始育兒，真的是忙壞了。不過，只要在筆記上寫下當天發生的事，像是『為什麼怎麼哄都哭不停啊』，我就會覺得被療癒了。」

在西班牙育兒的Aki，會像這樣回顧筆記本裡的育兒日記。她在Instagram上認識了旅人筆記本，覺得筆記本的內頁可以自己個人化這點最具魅力。在旅行遊記、美術鑑賞等各種筆記之外，育兒日記是不經意翻閱時會讓人放鬆下來的療癒存在。

採訪時Aki正懷著二兒子，為了孩子一出生就可以開始記錄，她重新準備了一日一頁的日誌內頁。

「兩個月一本的無時效日誌，可以自己畫格線，用起來很方便。新生兒從出生到1歲左右，每天的樣子都會有變化，所以我想要拍很多照片。我用的這種內頁，貼了照片不會皺掉，也不會變難寫，紙質讓我相當滿意。」

全家人一邊回顧大兒子的育兒日記，一邊期待著新生兒出生的日子到來。

家人成長的紀錄

兒子會拿著奶瓶自己喝的模樣，或是小叔抱小孩越來越熟練的身影，都是珍貴的成長紀錄。

育兒日記

Aki用週計畫行事曆的內頁寫育兒日記，照片和文章填滿了內頁。8張照片是她訂下的標準。小孩開始學走路、看鏡頭的畫面都很珍貴。

Q & A

已經用TRAVELER'S notebook多久了？	約4年
假設去無人島，除了筆記本外，會帶什麼？	心愛的茶杯
用來創作TRAVELER'S notebook的夥伴是？	鋼筆和Canon的SELPHY（相片印表機）

Aki製作筆記本的夥伴是鋼筆，雖然她手邊有很多款，但特別喜歡這支德國Pelikan的Souverän M600 Turquoise-White，覺得寫起來非常順手。

塞滿喜歡事物的筆記本帶來新的邂逅

15

SHOPPING

MAIKOHAN／上班族

Twitter：@maicohaann

「我平常不會在外面寫筆記本，更不會隨身帶著走。不過旅行的時候是特別的。我想讓筆記本一起『旅行』，所以會帶它出門。」

ＭＡＩＫＯＨＡＮ是在２０１６年開始用旅人筆記本的。一開始筆記的主題以旅行為主，不知不覺也擴展到日常的購物紀錄。

「我想要更了解每件商品，所以就會寫在筆記本裡。買到想要的東西很開心，也可以提升工作和生活的動機。」

記錄這件事的根基，是擁有心愛物品的喜悅，同時也包含了對販賣商品、製造產品的人們的感謝。

ＭＡＩＫＯＨＡＮ把這份日常興趣分享到ＳＮＳ上，結交了許多筆記本同好，甚至還辦過網聚。

「旅人筆記本讓我認識了日常生活中不會遇見的人，筆記本的存在，象徵著讓人感謝每場相遇的這份心情。」

購入化妝品的紀錄

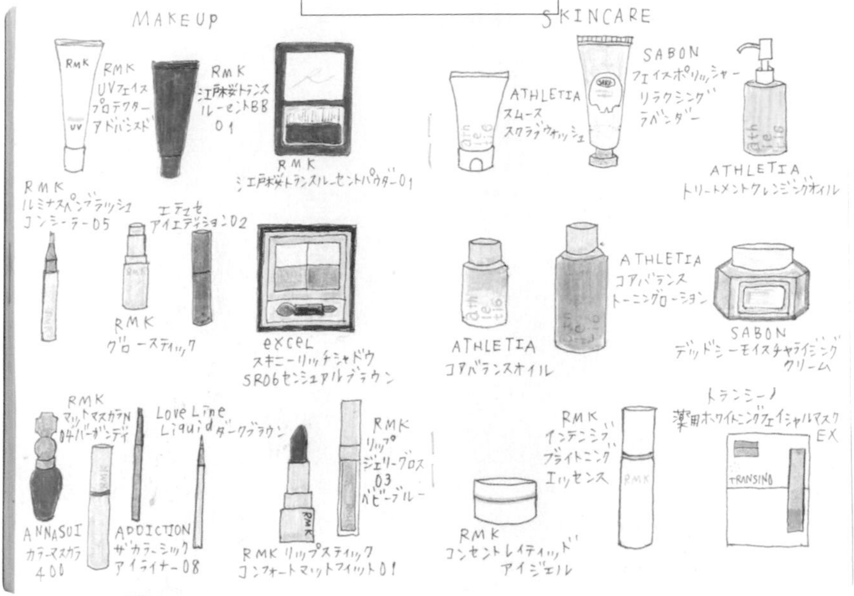

MAIKOHAN本來就很喜歡計劃未來的事。如果有想買的東西，她會先寫進列表放著。對她而言，想像下個要買的東西也是一大樂趣，在覺得自己有點努力過了，需要犒賞一下的時候，才會真的去買。

讓心情High起來的買衣服紀錄

包裝和貼紙都要拼貼進筆記本裡

寫筆記本時用的新力活字印章組是在TRAVELER'S FACTORY買的。

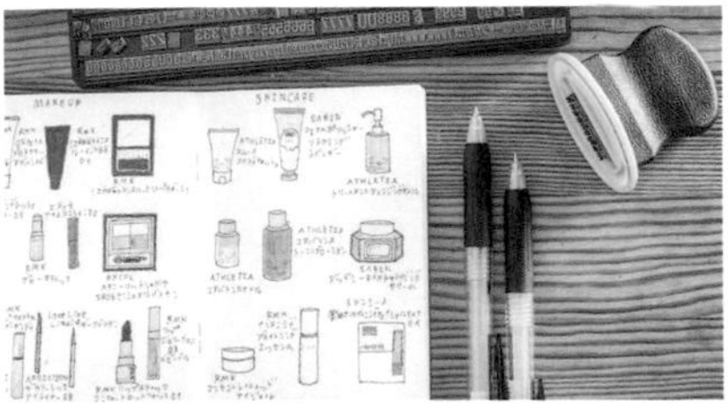

Q & A

- 已經用TRAVELER'S notebook多久了？ ➔ **約6年**
- 假設去無人島，除了筆記本外，會帶什麼？ ➔ **與人們的連結**
- 用來創作TRAVELER'S notebook的夥伴是？ ➔ **Zebra的SARASA筆和印章組**

Column

筆記本會形塑文化

筆記本與自行車

第一次見到tokyobike的自行車時，覺得還真像旅人筆記本。沒有多餘之處，簡約的設計，自行改裝設計也很有趣。比起追求速度，更講究乘坐時的舒適度，是一台貼近日常生活的自行車。

只要遇見了喜歡的事物，我的信念是一定會帶著旅人筆記本去見它。於是往往會發現，生產者之間對製作東西的思維有許多相通之處，自然而然地就會想要一起做點什麼。我們為了tokyobike設計筆記本，他們也為了旅人筆記本設計TRAVELER'S bike。我們希望筆記本和自行車能讓使用者的每一天變得更有趣，隨時都能出發前往新的旅程。

我個人也擁有一台TRAVELER'S bike，現在也正在挑戰騎自行車環繞日本一周。從東京出發，每年暑假往北前進一點點，到了第5年終於抵達了青森。雖然是趟隨興又緩慢的旅程，但也因為這樣，樂趣可以不斷持續下去。

TRAVELER'S notebook與tokyobike的合作聯名款。

tokyobike設計的自行車「TRAVELER'S bike」。

這篇迷你專欄是由TRAVELER'S notebook製作人飯島淳彥執筆，分享TRAVELER'S notebook如何超越筆記本的框架，與形形色色的文化、人群產生連結的故事。

3.

Factory & Artisan

TRAVELER'S notebook 旅人筆記本誕生的地方

假設你的眼前有一本旅人筆記本，
在這本筆記本誕生，並交到你的手上之前，需要許多人的存在。
在泰國製作皮革封面的人、在日本製造內頁的人、小心翼翼運送的人，
正是經由這麼多人的「手」，這本筆記本才得以誕生。

清邁身為古都，獨特的文化和藝術在此興盛，也有許多製作傳統工藝品的工房等據點，旅人筆記本的皮革封面工房就是其中之一。兩國的緣分，要從旅人筆記本的親生父親飯島淳彥，在清邁遇見一對剛成立工房的年輕夫妻說起。飯島看著工作時帶著笑容一邊聊天，相當自然的這對夫妻，心中不禁想起了不拘又自由的旅人筆記本皮革封面構想。「我想和他們一起做東西！」被這份想法驅使，旅人筆記本終於完成了。

清邁工房的工作人員們，有難以啟齒的事也會跟彼此坦誠，共同分享開心的時間，建立了深厚的信賴關係，而這些重要的夥伴，也都抱持著「想要做出讓使用者對它們產生感情的東西」的心願。正因為旅人筆記本是一本與使用者一起「培育」的筆記本，所以在送到使用者手上之前，是在什麼地方製作、用什麼樣的心情製作，團隊都非常重視。而帶來這份重視心情的原點，就在清邁。在這安穩的氣氛中，經由很有愛的人們的手，為旅人筆記本賦予了自由的能量。

THAILAND

Chiang Mai

泰國・清邁

清邁的工房

位於曼谷北方約720公里，古都清邁的郊外。四處皆是田園風光，相當貼近當地人的生活。旅人筆記本的皮革封面，就是在這個洋溢溫和又安穩氣氛的地方製作。

只要看到相機，就會馬上回以笑容的清邁工房夥伴們。據說也會有不少親戚、鄰居來幫忙。

無論自然還是人，都溫和又柔軟。讓工作人員都愛上的這片滿是綠意田園的風景，就是TRAVELER'S notebook的故鄉。

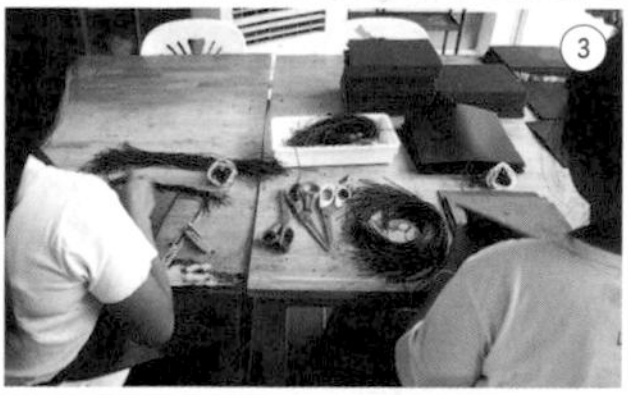

1｜用專用模型裁切植鞣過的牛皮。2｜錫製的零件是在附近的其他工房製造。3｜將橡皮繩穿過封面，再用錫製零件固定。4｜在封面上壓印TRAVELER'S notebook的標誌。5｜完成的皮革封面會排在大桌上，一個個裝進工房製作的布袋裡，再包裝起來。

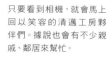

TRAVELER'S notebook的皮革封面，採用能發揮皮革本色的自然風格處理法。正因是纖細的天然材質，所以都是以手工作業仔細完成。

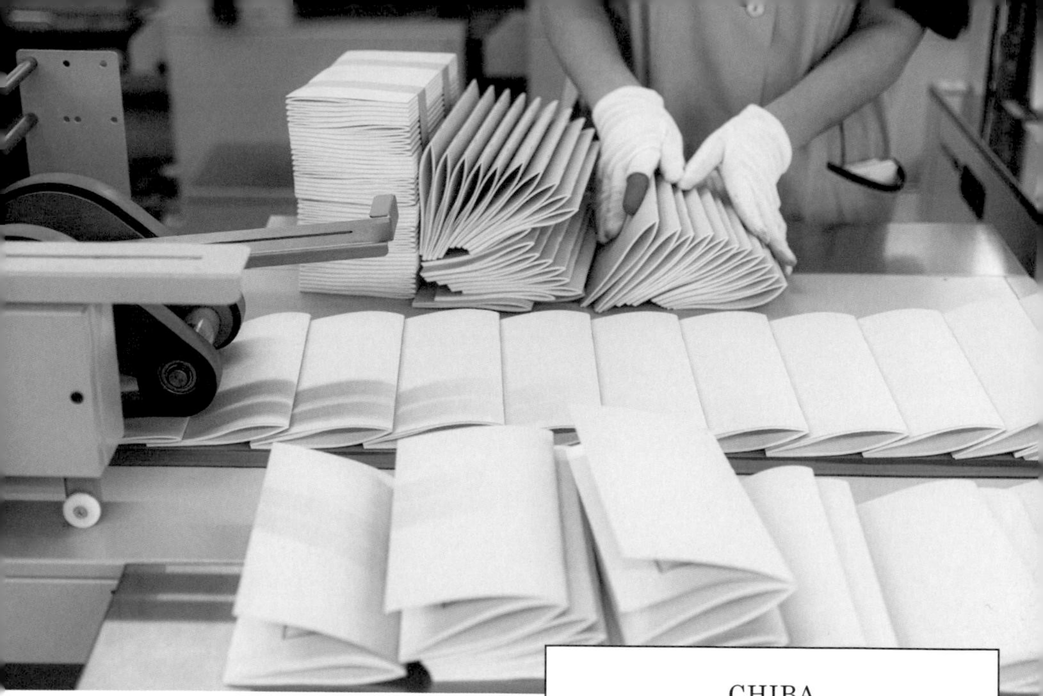

上｜騎馬釘裝訂的內頁，不斷從裝訂機中運送出來。TRAVELER'S notebook的大部分內頁都是在流山工廠製作。下｜工作人員正在檢查剛完成燙金的「TRAVELER'S FACTORY京都」限定版內頁封面。左｜每本皮革封面都要經過人工仔細檢查。

CHIBA

Nagareyama

千葉・流山

Designphil Nagareyama Factory

建於1964年的流山工廠，是負責旅人筆記本內頁的印刷、加工、裝訂、品管、出貨等工作的重要據點。充滿愛情與熱情的匠人精神，支持著旅人筆記本。

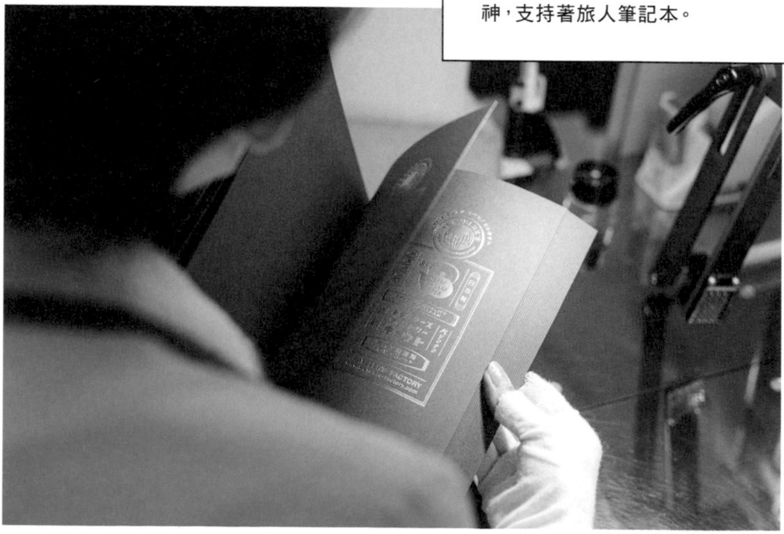

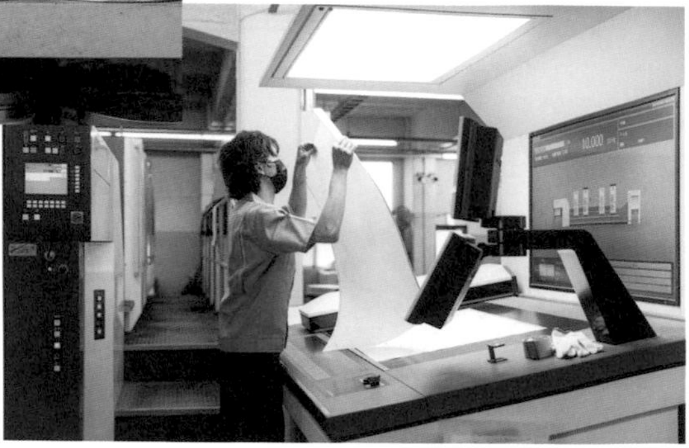

左｜用來印刷內頁框線和文字的灰色印墨，是經過計算的特殊色，能當成清楚的參考線，又不會干擾筆記。下｜剛從印刷機印出來的紙張，由經驗豐富的工作人員，現場馬上檢查印墨的發色以及有無線條偏移。

印刷

幾乎所有旅人筆記本的內頁都採膠版印刷。獨創的「MD用紙」，是透過全長13公尺、1小時可印1萬張的巨型UV印刷機，一口氣印製完成。至於TRAVELER'S FACTORY的店卡，以及部分內頁，則是使用傳統的活版印刷機印製。

旅人筆記本的製作工序

清邁的工房		流山工廠
・皮革加工	➡	・內頁的印刷
・組合封面		・加工、裝訂
・製造金屬零件、布套等		・品管、裝配
		・物流

上｜熟練操作德國海德堡活版印刷機的小松先生。印刷時要不斷細調印墨的分布和印刷位置。右上｜TRAVELER'S FACTORY的店卡凸版。右下｜留言卡內頁是用活版印刷的。印完一個顏色後，按照順序分毫不差的疊印其他顏色，正是職人的技術所在。

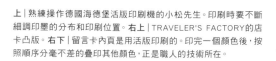

加工・裝訂

印刷完畢的紙會先用裁紙機裁切，然後在封面上燙金、摺出蛇腹痕、用摺紙機做出口袋，這些加工、裝訂等重要工序，讓紙漸漸變成內頁產品的樣子，簡直有如流山工廠自豪的技術總動員。利用工廠的機器和技術，可以做到什麼程度，都是從試作階段，就由企劃團隊和工廠同仁一起研究並完成的。

上｜從裝訂機裡跑出來的，是2本連在一起的Passport Size橫線內頁。下｜把它們放進裁紙機對好位置，一口氣裁成兩半，就完成了Passport Size的內頁。

工作人員在裝訂機前，檢查剛剛完成的內頁有沒有漏頁或錯頁等問題。渡邊先生（左）精通裝訂和燙金技術，是深獲企劃團隊信賴的資深員工。

完成印刷的大張紙，送進裁紙機裁成剛好符合筆記本尺寸的大小。

旅人筆記本的生產是與流山工廠合作。使用工廠的機器可以做到什麼事，該怎麼做才能實現理想目標，這些細節都是由旅人筆記本的企劃團隊和工廠工作人員面對面討論，不斷試做，並從錯誤中學習進步。

「就算和他們商量很麻煩的事，工廠的人也會覺得很有趣，一起幫忙想辦法。」企劃團隊的石井健說。「就來利用這個技術吧！」「再短1mm怎麼樣？」現場的「職人們」會以長年累積的經驗和技術為基礎，回饋各式各樣的好點子。例如，在「TRAVELER'S FACTORY STATION」的限定商品中，得以實現在皮革封面上燙金的設計，也得歸功於工廠職人的熟練技巧。

「皮革與紙不同，每張的厚度都有微妙差異，燙金加工會非常困難。如果只是作浮雕加工就可以輕鬆又均勻，但因為我們也很想挑戰燙金的表現手法，在大家的努力下終於成功實

保留創業當時模樣的食堂。這裡也是首次舉辦TRAVELER'S notebook例行活動「線圈筆記本自助吧」的地方，充滿了回憶。

左｜利用能施加數噸力量的壓箔機，一張張手工處理「TRAVELER'S FACTORY京都」限定款的內頁封面。**右上**｜工作人員用肉眼仔細檢查成品的金箔是否遺漏了細節。**右下**｜能在比紙張還難處理的皮革封面上實現燙金，都得歸功於流山工廠職人們的熟練技術。

現了。這真的是寄託了眾人心願的商品呢。」領導加工、裝訂部門的渡邊先生如此回顧。

正因用普通的方法行不通，在達成時的喜悅和成就感也會更上一層樓。TRAVELER'S FACTORY的「線圈筆記本自助吧」活動，也是和工廠團隊一起完成的。

工廠的每個工作人員，都對自己的工作感到自豪。雖然現場的氣氛平穩又樸實，人人卻始終保持著仔細的手工和專家的眼光。

「全世界的旅人筆記本都是在這裡檢查的喔！」負責品管跟裝配的資深員工笑著說。

「與工廠的人一起完成的產品，在工廠外帶給許多人喜悅，這件事真的很讓人開心，工廠的同仁也都會很高興。往後我們也會一起創造新產品，並持續這種良善的循環。」石井說。

愛與製作物品的樂趣，就是旅人筆記本的原點。

品管·裝配

將泰國清邁工房完成的皮革封面，以及流山工廠製作的內頁組合在一起，可說是完成旅人筆記本的最終工序。為了保持一定的品質，每一本都是由資歷10年以上的資深員工，仔細檢查皮革的狀態。通過品管檢查的皮革封面，會與內頁和配件組合起來，裝箱成可以出貨的狀態。

工作人員一邊用手撫順皮革表面，一邊一張張地仔細檢查。通過品檢的皮革封面裡頭會插入內頁，再裝進專用布套中，與配件一起裝進盒子。所有流程都是手工作業。

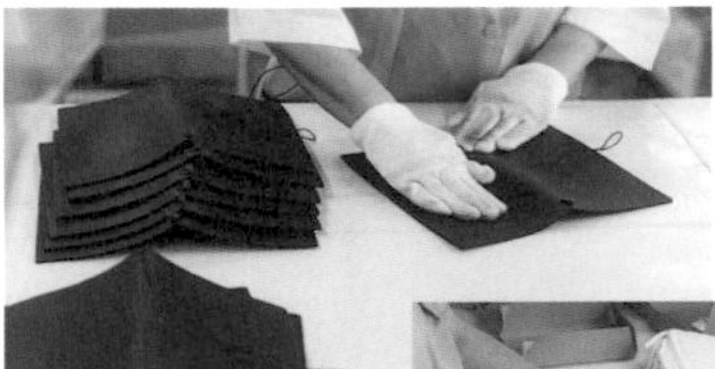

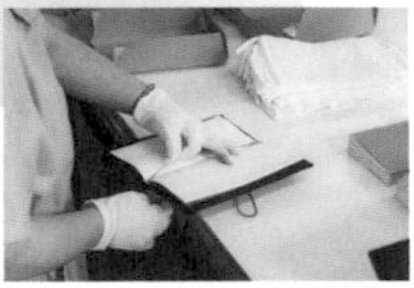

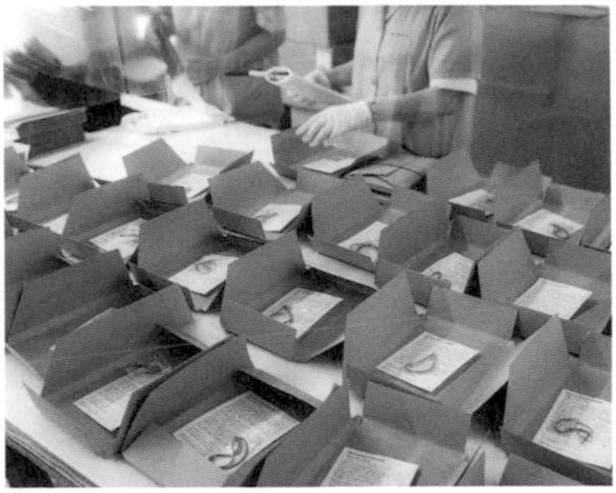

被長久以來支持著TRAVELER'S notebook的前廠長柿沼先生（左）、內片廠長（右）包圍，一臉開心的企劃團隊石井先生（中）。每次工廠同仁和企劃團隊一碰面，總是聊「做東西」聊個沒完。

TOKYO

Nakameguro

東京・中目黑

TRAVELER'S FACTORY NAKAMEGURO

踏進這座悄悄佇立在巷弄內、古老的小小建築，狹小的空間裡，1樓彙集了筆記本和獨家週邊商品，2樓則是咖啡空間。這裡是向全世界傳達旅人筆記本世界觀的獨一無二「基地」。

2011年，作為「更加深入追求旅人筆記本世界的基地」而誕生的「TRAVELER'S FACTORY」。超越店鋪的定義，這裡讓喜歡旅人筆記本的人們遇見彼此、交流討論，並創造踏上嶄新旅途的契機，來自全世界的粉絲都會造訪此處。製作人飯島淳彥回

※店鋪資訊請參閱P.136

右｜除了一字排開的內頁，店內還陳列TRAVELER'S FACTORY限定的周邊商品。下｜店內還設有可以當場客製化筆記本的圖章區，以及能寄明信片的郵筒。這些都是把日常當成旅行享受的點子。

店內的展示台，是曾在流山工廠服役多年，附有台鉗的工作台。沾在桌角上的油漆痕不經打理，也象徵了享受動手改造樂趣的TRAVELER'S notebook。店內隨處可見玩心和DIY精神。

憶這個空間誕生的緣起。

「開始製作筆記本後，我們也遇見許多能分享價值觀的朋友，所以也開始了一些新的計畫，能做的事不斷擴增，讓我們感受到相當大的可能性，於是就很想要有個空間，可以表現這種無限可能。人們在此聚集，在這裡製作讓自己打從心底喜歡的東西，當時我們想到的就是『基地』這個形象。」

旅人筆記本團隊始終重視的中心思想之一，就是「自己是否開心興奮」。製作者打從心底享受，才能向來訪的人傳遞這股熱量。以TRAVELER'S FACTORY為契機，誕生了許多聯名活動，也實現了在店內辦演唱會的目標。

迎接10週年的「基地」，從今以後無論歷經什麼時代都不會改變，將與筆記本一起，繼續傳播這份任想像力自由發展，並且創造每一天的樂趣。

CUSTOMIZE
YOUR
NOTEBO

所謂「打造TRAVELER'S notebook 旅人筆記本的世界」這回事

2005年，旅人筆記本的製作人飯島淳彥，
以社內提案競賽為契機，開始了旅人筆記本。
他與夥伴一起深化這本筆記本的世界觀，
讓旅人筆記本成為超越國界、年齡、性別，被許多人們深愛的產品。
熱愛旅行、搖滾樂、閱讀，以及手寫文字，
現在擔任TRAVELER'S COMPANY品牌經理的飯島淳彥，
聊起了旅人筆記本誕生到現在為止的故事。

“就算不是所有人都喜歡 世上也一定有喜歡這本筆記本的人”

文‧飯島淳彥

在2005年7月的國際文具‧紙製品展上，於MIDORI攤位的競賽中展出的TRAVELER'S notebook原型（樣品）。這時還名為「Travel Journal Notebook」。從簡略素描中誕生的這份樣品，成了TRAVELER'S notebook故事的起點。

說實話，旅人筆記本之所以會誕生，其實出自偶然。當時我聽說公司內要舉辦筆記本的提案競賽，於是就向出差時相當喜歡的清邁工房訂了樣品，這是一切的開始。其實也包含了「要是順利的話，搞不好還可以因為工作去清邁」這種不單純的動機啦。我很喜歡旅行，學生時代曾經當背包客去過泰國，對我而言，清邁那種閒散又安穩的空氣真的很迷人。

當時工房的人照著我用鉛筆畫在影印紙上的粗糙素描，真的做出了皮革封面的樣品。我收到樣品，把它裝在筆記本上，那股「有什麼要開始了」的興奮預感，我到現在都還記得很清楚。用清邁樸素又粗獷的皮革封面，搭配日本纖細的紙張做成的筆記本，簡直就像演奏美麗和聲般完美調和，大大撼動了我們的心。只要有這本筆記本，感覺隨時都可以出發去旅行。

現在回想起來，感覺就像是不經

畫面前方是我私生活用的TRAVELER'S notebook。我會帶它去旅行，平常也會在上頭畫畫。皮革的顏色本來是黑色，已經用了15年了。後方的筆記本夾了日記和輕量紙共2本內頁，作為工作用。這一本是藍色，已經用了5年。吊飾會隨著當時的心情替換。

思考用力揮棒，結果碰巧打中球的中心，一口氣轟出了全壘打。不過，湊巧之下完成的這本筆記本，在我與團隊的橋本、石井一起試用之下，那份高揚的興奮感，逐漸變成了確信。

在使用的過程中，客製化的點子自然出現，讓書寫筆記本的行為變得前所未有地有趣。明明我寫字就不好看，以前一直覺得有點自卑，但這些不好看的字，都可以讓我覺得很有味道。我覺得這本筆記本的溫潤外型，包容了所有的不完美，就像在告訴使用者「這樣就好了喔」。

完全被旅人筆記本的魅力收服的我們，即便在競賽上獲得好評，決定要上市的時候，也幾乎沒想過什麼效率性、市場戰略，我們只是相信自己喜歡的東西和直覺，並且決定把「讓我們自己開心興奮」當成最重要的事。

所以，關於旅人筆記本的工作，都是在下班後，才像放學後的社團活動

觀影筆記和日常的紀錄。雖然我以前沒有畫圖的興趣，但自己開始用TRAVELER'S notebook後，自然就開始喜歡上畫畫。現在我會把一週的事情畫在一頁裡，就像是繪圖日記一樣。水彩紙也是我相當喜歡的內頁紙之一。

那樣偷偷進行。簡直就像剛組成的搖滾樂團，窩在錄音室裡不斷練習，有如魔法般的團隊就此誕生，旅人筆記本的世界也就此展開。

如果我們發現喜歡的創作者，就會把旅人筆記本當成名片，來一趟去見他們的旅行。旅程的夜裡，我們會聊些像是如果有TRAVELER'S Cafe就好了啦，或是要來蓋間旅人筆記本的基地等等，充滿妄想的夢想。

就是因為旅人筆記本是這樣打造出來的，在第一場活動上，看到這麼多人前來捧場，笑著讓我們看他們的筆記本，真的是高興到都要哭了。這本筆記本風格有點獨特，用起來又有點麻煩，應該不會是全世界的人都喜歡的產品，但是，當我們知道這世上竟然有人喜歡這本筆記本，就有種夥伴一口氣增加了的感覺。

從那之後，在設計產品時，除了考慮到我們自己興不興奮，我們也會深

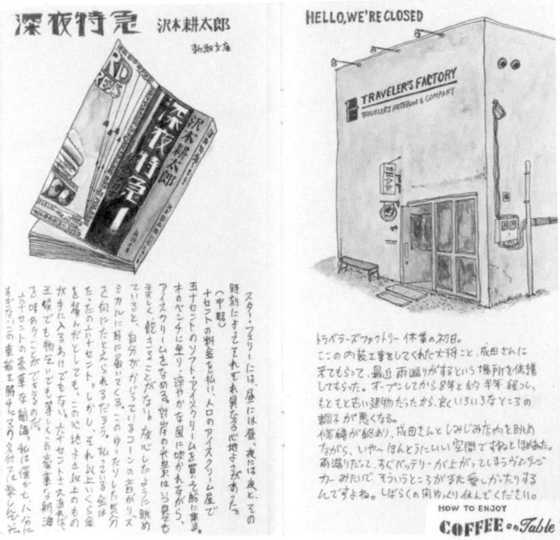

1

1｜讀書筆記是基本款。關於TRAVELER'S notebook和TRAVELER'S FACTORY的日常發現與想法，也會寫下來提醒自己不要忘記。

2｜除了旅行紀錄，也有很多在桌上幻想旅行的紀錄。就像思考一樣，要寫什麼都是自由的。

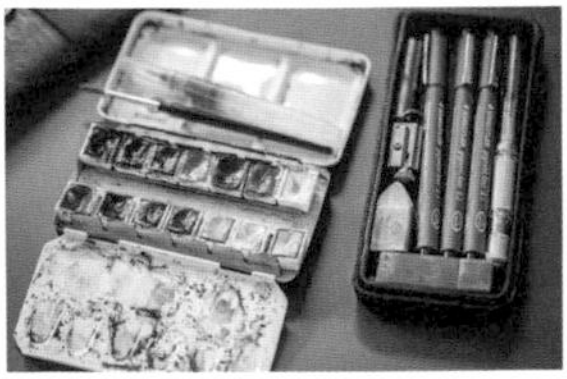

畫圖時的標準配備。林布蘭的塊狀水彩是在香港的Patrick影響下開始使用的。

2

入思考，新產品能不能讓當時遇見的每個人都開心。

距離當時已經過了15年，團隊成員變多了，能與我們有所共鳴的夥伴也增加了，但我們對旅人筆記本的想法，卻是一點都沒變。

回顧過往，當然不會只有興奮和感動的事，也有很多煩惱，以及許多為了生產而拼命工作的痛苦。

不過，旅人筆記本給我們的這份興奮與期待，以及帶領我們前往嶄新旅程的這股不可思議力量，至今卻從來不曾枯竭。

長久珍惜TRAVELER'S notebook旅人筆記本的創作者

旅人筆記本醞釀出的這股氛圍，究竟是如何構築起來的呢？我們詢問撐起品牌的兩人，一路走來最在乎什麼，以及平常留意的事情。

Atsuhiko Iijima × Miho Hashimoto

「要誠實，重視每一個喜歡筆記本，並且愛用筆記本的人。（飯島）」

飯島淳彥（以下：飯島） 就像LOGO是用我隨手畫的地球儀素描改成的，或是我們會用自己拍的照片做型錄，從品牌成立開始，我們只要想到什麼就會都試看看。我們都喜歡龐克，靠著DIY精神，什麼都要動手做看看，大概就是這種感覺。

橋本美穗（以下：橋本） 為了表現旅人的溫暖感，英文LOGO「TRAVELER'S notebook」的斑駁感，也是用膠帶黏了好幾次，來讓顏料適度的剝落。

飯島 雖然很難用言語表達「就是想要這種感覺」，但我們還是靠著彼此的不斷確認完成了工作。可能就是這些工作的累積，讓我和橋本有了「怎樣才像旅人筆記本」的共識。

橋本 我們開會的時候總是很熱鬧，有時候還會被附近的人以為是在吵架，讓人擔心了呢（笑）。

飯島 這樣走來也迎接了15週年，雖然過程發生了很多事，但我覺得我們始終有兼顧平衡。

橋本 真的是耶。站在製作者的立場，雖然很想提供一大堆有趣的東西，但還是要時時刻刻想著「自己有沒有打從心底興奮？」「真的會想用嗎？」，不斷在製作者和消費者的心態之間切換。

飯島 這是一款長久使用就會更深奧的商品對吧。話是這樣說，但一直推出新產品，就好像說的跟做的事情不一樣。

橋本 催生新產品很辛苦，但我覺得品牌要持續下去更辛苦。所以自己可以玩到什麼程度就很重要。不管是實體活動，還是TRAVELER'S FACTORY，都是用嚴肅認真的態度在玩，所以才得以實現。也正因為遇上了許許多多的人，旅人筆記本才能迎接15週年，我真的非常感恩。

飯島 所以真的是要誠實。而且要重視那些因為喜歡筆記本而愛用的人們。說到頭，我們自己也是喜歡這本筆記本的使用者，所以當這份共鳴可以傳遞出去時，真的很開心。

橋本 這本筆記本最棒的地方就是很自由。雖然因為這樣，它可能也不完美，但留白和改造它的時間，如果能帶給人樂趣，我就很高興了。我覺得這份樂趣就跟旅行一樣。

飯島 填滿留白的方法因人而異，這就很有趣，而且這也會變成讓使用者們連結起來的樂趣。

橋本 之前就有愛用者說，就算語言不通，只要都有在用旅人筆記本，就能像朋友一樣交流。筆記本能跨越語言的高牆……這句話真的很有夢想。這就叫「感覺語言」嗎？喜歡這本筆記本的人們，覺得它好的心情，無需言語也能共通。

飯島 以喜歡的事物為主軸，世界觀可以不斷擴張，同好也會不斷增加，這大概就是這本筆記本擁有的力量吧。

藝術總監
橋本美穗
「正因為遇上了許許多多的人，旅人筆記本才能迎接15週年，我真的非常感恩。（橋本）」

Column

筆記本會形塑文化

TRAVELER'S TIMES

「如果旅人筆記本有出報紙，一定會很有趣！」一切的契機就從這個念頭開始。

當時，我們妄想了許多像是TRAVELER'S Cafe、TRAVELER'S Airline之類，在各種事物前面加上TRAVELER'S的概念，然後覺得如果是報紙，應該可以實際做得出來，於是就用像編校刊一樣的心情試著編看看了。

由大家投稿帶著旅人筆記本去旅行的照片，我寫文章，橋本排版。香港的Patrick寄來了相當精采的旅人筆記本報告，於是也把它登上版面。

我們用彩色影印機印出來，在展示會發給大家，獲得出乎意料的好評，後來就請流山工廠印刷，在門市店內免費發放。雖然這是一份一年發行一次的超慢節奏報紙，但現在已經累積了15期。從旅行目的地的介紹、生產製作的現場，到各位使用者的個人化改造祕訣，內容主題相當多樣，但本該是最重要的產品資訊，卻幾乎沒有提到，或許這也是TRAVELER'S TIMES的特色。

2006年發行的創刊號。直到最新一期為止都承繼了封面文案的傳統。

4.

Products

產品的魅力

在簡約的同時，又回應了「想要書寫」「想要使用」等需求，
讓人逐漸湧現創造力，有如背後推手的這份溫柔，
洋溢在TRAVELER'S notebook旅人筆記本的各項產品中。
讓我們一起回顧這些充滿堅持與講究的產品吧！

TRAVELER'S notebook

COVER

沒有皮革封面，就不能稱作是TRAVELER'S notebook旅人筆記本。
越是使用，就越會產生個人特色，讓我們進一步了解這皮革封面的魅力。

製作牛皮封面的，是位於泰國北部清邁的工房。在這裡工作的當地職人，一張張裁切植物單寧鞣製的皮革，並用錫製零件固定橡皮繩。做工相當簡單，卻也因此無法渾水摸魚。他們一邊仔細觀察細小的傷痕、皺紋這些皮革特有的個性，一邊慎重而仔細地以手工製作封面。

我們的目標是粗獷又天然的風情。之所以不是採用化學藥劑鞣製的鉻鞣皮，而是植物性原料鞣成的皮革，原因就在這裡。雖然費工又增加成本，但對環境友善，而且隨著使用，也會更有味道，可以享受它一年年的變化。也因是天然素材，不會有兩塊完全相同的皮革，這也是一大魅力。隨著年月累積的傷痕和光澤，每一處都惹人喜愛。

〈 leather 〉

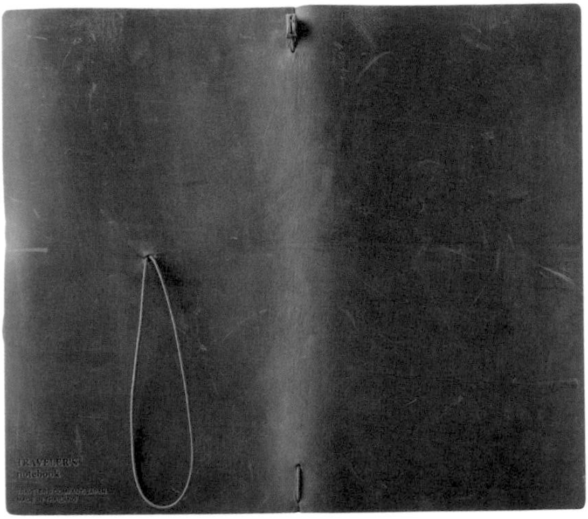

粗削風格的整片皮革

因為不施加多餘的表面加工，帶有皮革原有的素材感，呈現粗獷的風情。再者，讓皮革吸收了油脂，所以軟度恰到好處，用起來非常舒適。經年累月下容易變化，也是特徵之一。

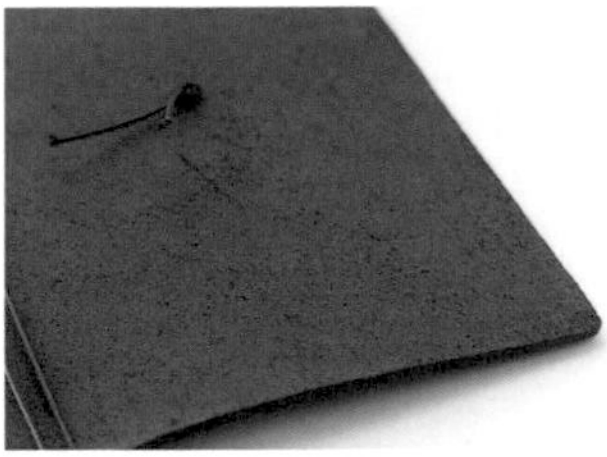

簡約的構造

夾住內頁的橡皮繩只用錫製零件固定，橡皮繩也只穿過封面中央的孔洞，可謂極簡化的設計。就算橡皮繩失去彈性或是斷掉，也可以用另外販售的備品組自行簡單修理，長久地使用下去。

〈 color 〉

黑　棕　駝　藍

依色而異的歲月變化也很有趣

標準尺寸（Regular Size）、護照尺寸（Passport Size）的封面都各有4款顏色。除了經典的黑色、棕色，還有容易察覺色澤變化和皮革細節的駝色，以及有如破曉前深藍夜空的藍色。

〈 size 〉

Regular Size 220×120×10mm　Passport Size 134×98×10mm

可依照使用習慣和偏好選擇的2種尺寸

標準尺寸（Regular Size）是比A5略窄的大小，地圖或車票都可以夾在裡面。護照尺寸（Passport Size）如同其名，是跟日本護照一樣的尺寸，可以輕鬆放進口袋，隨身帶著走。

●Regular Size
○Passport Size

REFILL

以原創的MD用紙為首，
本篇介紹各式各樣的筆記用紙，
以及擴增使用情境的夾鏈袋、口袋等精彩多變的內頁。

旅人筆記本裡，刻畫著身為人生旅人的我們的足跡。簡約的設計與素材感讓人感到自由，只要按照自己的喜好，利用橡皮繩或吊飾裝飾一番，一定會讓使用者對它的感情更加深厚。

使用的方法、情境，以及個人化改造的方式，也都因人而異。為了回應愛用者們各式各樣的想法，上市當時只有4款的內頁，現在光是固定常銷款就超過30種。

空白、素描紙、輕量紙、牛皮紙、日誌等等，紙的質感和筆記樣式也是五花八門。只要改變紙的質感，面對筆記本的心情也會有所改變。在一本封面裡裝入多種內頁，筆記本的可能性也必定會大幅擴展。正如同人生一般，不會侷限在既定的規則中。

〈 notebook 〉

003空白 ●○

購買TRAVELER'S notebook旅人筆記本就會附贈，使用MD用紙的無格式款式。是自由度最高的萬能選手。

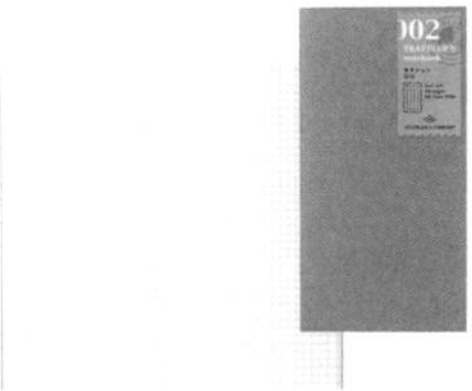

002方格 ●○

畫圖、寫字更方便的5mm方格筆記，整理思緒更輕鬆，貼照片、票根時也很方便。使用MD用紙。

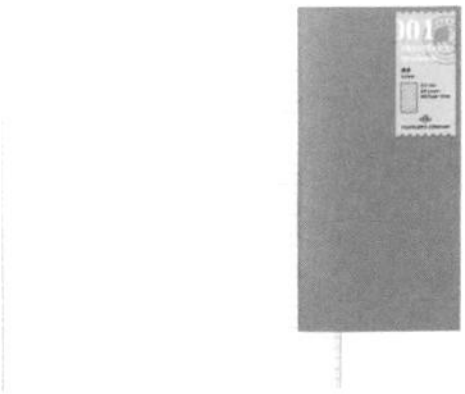

001橫線 ●○

使用追求書寫舒適度的國產原創筆記紙——MD用紙。線距採一般規格，A線與B線間隔6.5mm。

014牛皮紙 ●○

兼具粗糙的風情與筆記便利性，原創的牛皮紙。作為剪貼簿也廣獲人氣。

013輕量紙 ●○

因為使用較輕薄的紙張，頁數比一般內頁紙多。雖然薄，但也確保了書寫的舒適度。

012素描紙 ●○

最適合在旅行中用來素描的畫用內頁。紙張厚度足以畫水彩，也很適合用來收集印章。

027水彩紙 ●○

耐水性高，不容易透到背面，發色也相當優秀，兼顧了三大優點的高品質紙張。不只適合畫水彩，也可以用來畫鉛筆、鋼筆素描。

026點格 ●○

5mm見方的點格紙，寫文章、畫插圖時可以當成方便的參考點。使用MD用紙。

025MD奶油色 ●○

MD用紙就算用鋼筆書寫也不容易暈開或透到背面，這款內頁染成淡奶油色，對眼睛更為友善，也不會干擾鋼筆墨水的發色。

〈 diary 〉

※每年還會另外推出時效性內頁。

017 無時效月計畫 ●

月計畫方格讓使用者能對整個月的計畫一目瞭然，因為沒有印日期，不管從幾月都可以開始使用。日記系列的內頁紙都使用奶油色的MD用紙。

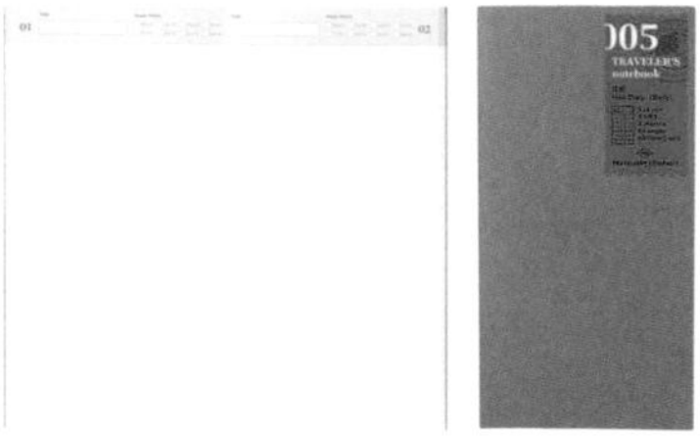

005 無時效日誌 ●

一日一頁的日記，每本共有2個月份。筆記部分是5mm的方格，上方可以記錄標題，還能用打勾的標注星期。

019 無時效週計畫+方格筆記 ●

左頁是一週的行事曆，右頁則是5mm見方的筆記區。一本共有6個月份，可依個人喜好隨意使用。

018 無時效直式週計畫 ●

可依時間軸記錄一週行程的直式表格，每本可寫6個月。日期採自行書寫的設計，平日和週末佔的面積相同，也有空白頁面。

007 無時效週計畫 ○

一個跨頁是一週，每本可寫6個月，也推薦用來當成每天一句話的日記。文字不容易透到背面的MD用紙，最適合當成日記。

006 無時效月計畫 ○

簡約的月間方格本，沒有印刷日期。因為是護照尺寸，可用來標記重要親友的生日。

〈 file & holder 〉

006口袋貼L ●

用法和口袋貼紙相同，可以用來再塞一本內頁，或是旅行中拿到的傳單，自由度很高。

004口袋貼／3入 ●

只要貼在TRAVELER'S notebook的皮革封面內側，就成了可用來收納A4印刷品（折三次後的尺寸）或票券的便利口袋。

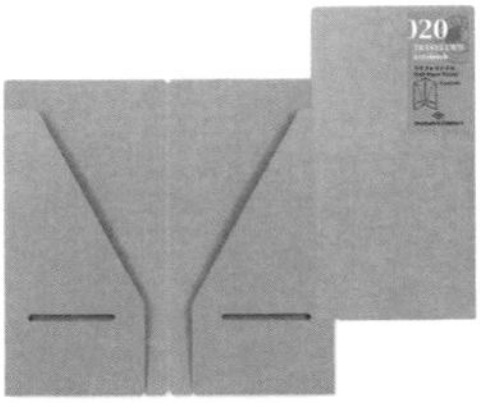

020牛皮紙資料夾 ●○

選用堅固的含浸紙素材，呈現與皮革封面搭配的自然風貌。自行貼上貼紙打造個人風格也很棒。

008夾鏈袋 ●○

一邊是可以收納鑰匙、零錢的夾鏈袋，另一邊則是附口袋的內頁。因為是透明的，內容物一目瞭然。

007名片收納 ●

可以夾在皮革封面橡皮繩上的名片夾。共有12個口袋，很適合用來收納名片、卡片、票根等小紙張。

029三折資料夾 ●

把A4尺寸的紙張折三次，就可夾進皮革封面的設計。無論旅行或商務場合，用起來都相當方便。

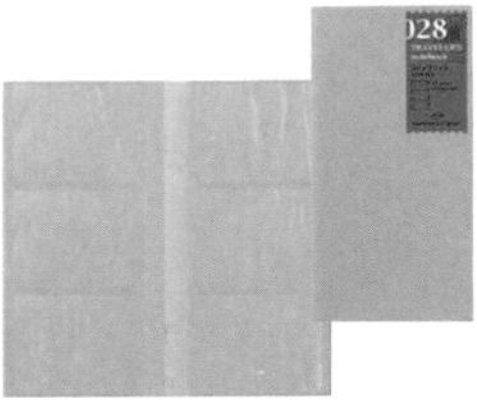

028卡片收納 ●

這款內頁是名片尺寸的口袋，可以收納60張卡片，底紙採用牛皮紙，旅行感滿滿。

023透明口袋貼 ●

名片尺寸的透明薄膜袋，附有背膠，可以貼在任何喜歡的位置。一包內有18個袋子。

OTHERS

為了讓TRAVELER'S notebook旅人筆記本用起來更開心、更舒適、更有創造力，
而誕生的各種周邊產品。

030黃銅夾

可以讓TRAVELER'S notebook的頁面保持敞開平整，寫筆記或拍內頁照片時都很方便。選用完美的黃銅素材，隨著時光流逝，會變成很有味道的色澤。

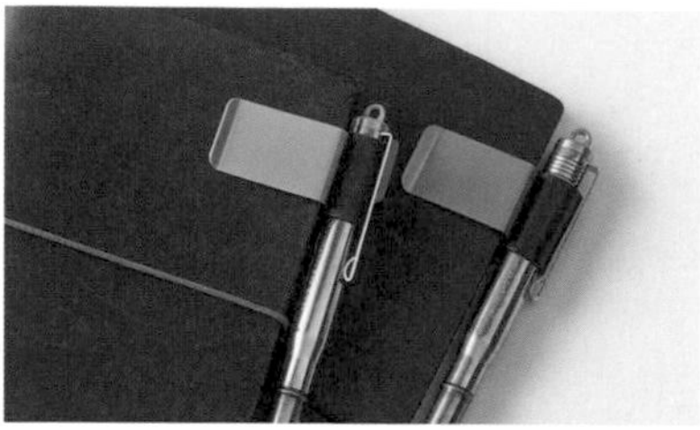

016皮革金屬筆夾

這款筆夾是用金屬夾固定在TRAVELER'S notebook的皮革封面上。皮製筆夾最粗可容納直徑12mm的筆。

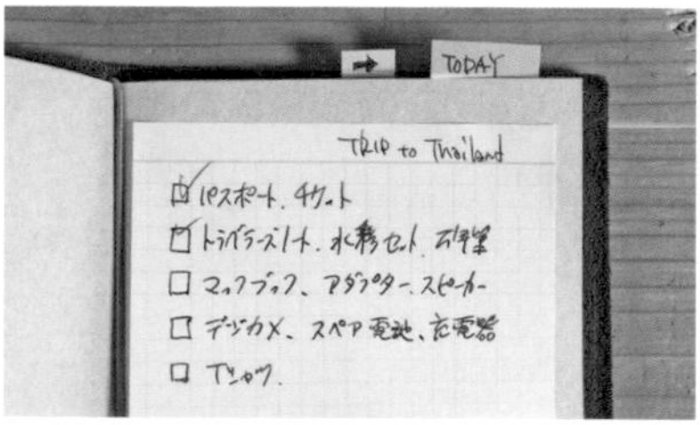

022便利貼

除了5mm見方的格線、便利的框線等設計，還有可當成標籤用的細便條，內含8種便利貼，各30張。

011內頁收納夾

寫完的內頁，都是自己的旅行記憶，可以用內頁專用的收納夾保存。每冊可收納5本內頁。

010雙面膠貼紙

無論卡片或票券，都能當場輕鬆貼進內頁裡。因為採片狀的設計，可以夾進筆記本裡帶著走。

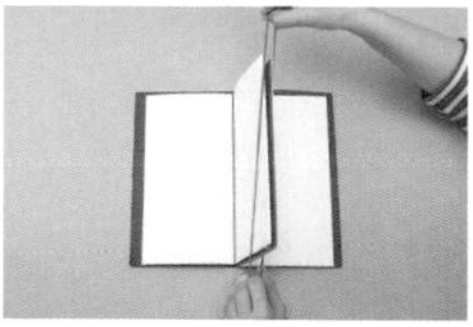

021內頁連結繩

可在一本皮革封面內夾進數本內頁的簡單道具。也能用於分類筆記。

009備品組

套組內含錫製零件、8色橡皮繩、2條書籤用繩。（封面為另外販售）也有記載使用方法。

TRAVELER'S FACTORY ORIGINAL

有許多稀有的原創商品都只在TRAVELER'S FACTORY的各家門市或網路商店販售，
這裡介紹其中一部分。

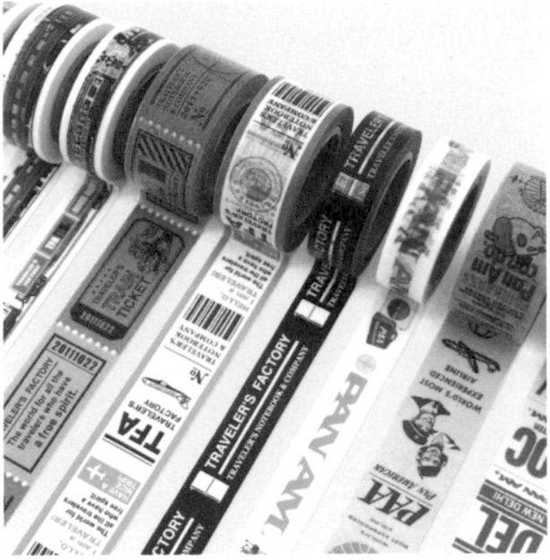

Masking Tape

最初是當成TRAVELER'S FACTORY的包裝用備品製作，因為品質太優秀了，於是決定正式銷售。有許多以旅行為主題的設計，像是車票或行李條等。

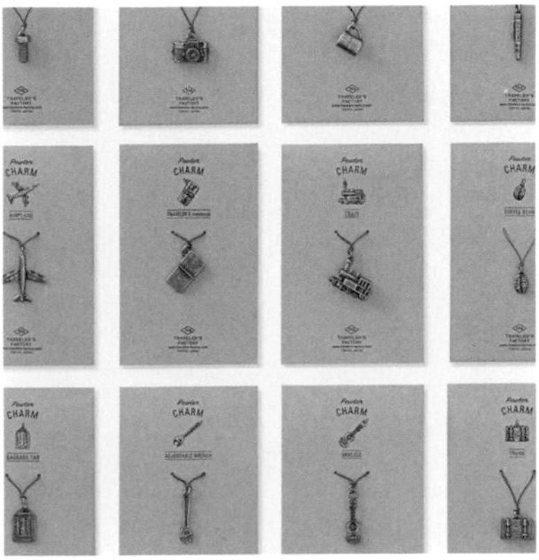

Charm

飛機、相機、行李箱等，共計12種錫製吊飾，和旅人筆記本的固定零件一樣，都是在泰國工房製造的。樸素的外觀，每一個的色澤都有微妙差異，從裡頭找出心頭好也是樂趣之一。

Paper Cloth Zipper Case

這是與「four ru of」品牌聯名的產品，使用質感有如紙張的棉布「Paper Cloth」，製成TRAVELER'S notebook專用的拉鍊收納袋。除了圖中的天空藍，還有芥末色、墨綠色、深藍色。

Refill Kraft Notebook

牛皮紙製內頁，有黃色、粉色、綠松石色，以及能絕佳映襯照片的黑色。可以依照用途或拼貼主題區分顏色，關於要怎麼用它的靈感不斷湧現。

縱觀歷代合作限定版筆記本

這裡我們將從過去聯名合作的30多個品牌中，介紹部分精選產品。
這些多采多姿的產品，光是看著就很開心。

Ⓝ＝TRAVELER'S notebook／Ⓡ＝內頁／Ⓟ＝黃銅筆
※年份為聯名合作年。
※包含已經停止販售的商品。

UNWIND HOTEL & BAR
Ⓡ／2019, 2020

Baum-kuchen
Ⓡ／2020

Tokyo Metro
Ⓡ／2016

TO&FRO
ⓃⓇ／2019, 2020, 2021

Star Ferry
ⓃⓇⓅ／2013

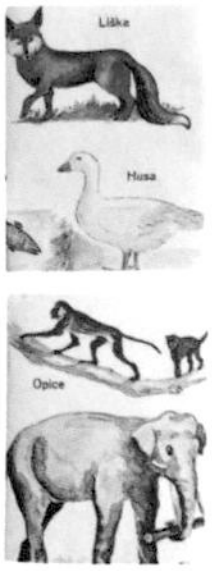

CHARKHA
Ⓡ／2013, 2014, 2019

Hoshino Resorts
ⓃⓇⓅ／2019

Starbucks Reserve® Roastery Tokyo
ⓃⓇⓅ／2019, 2020

BOOK AND BED TOKYO
ⓇⓅ／2016

TRUCK FURNITURE
Ⓟ／2014

Braniff
Ⓡ／2013, 2014

tokyobike
ⓃⓇⓅ／2013, 2019

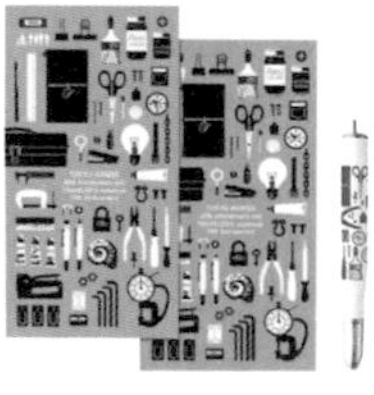

TokyuHands
ⓇⓅ／2016

Kona Bay
Ⓡ／2015

Ace Hotel
NRP／2015, 2016, 2017, 2018, 2020

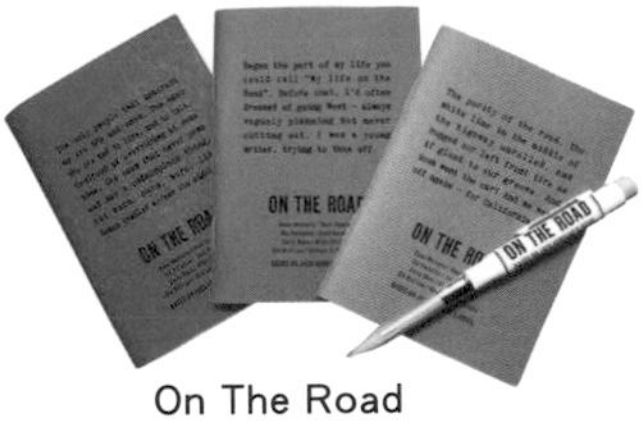

On The Road
RP／2013

Nigel Cabourn
NRP／2013, 2021

Janis: Little Girl Blue
R／2016

恵文社一乗寺店
RP／2015, 2019

NEXCO中日本
NR／2012, 2013

Hong Kong Tramways
NRP／2014

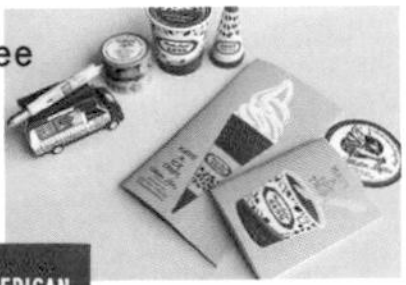

Mister Softee
RP／2017

Merci
P／2012, 2019

PAN AM
RP／2014, 2015

the eslite bookstore
RP／2016, 2019

mizushima
R／2018

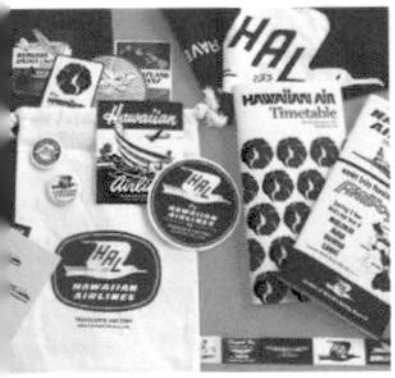

Hawaiian Airlins
R／2015

House Industries
R／2017

Prada
NRP／2019, 2020

Rainbow Drive-In
R／2015

city'super/ LOG-ON
RP／2019

Column

筆記本會形塑文化

TRAVELER'S notebook & Company

我們深深尊敬著與我們有共鳴的製作者、帶著愛對待每一本旅人筆記本並介紹給客人的店員，以及每一個滿心歡喜使用著旅人筆記本的人。正因為遇見了這些人，旅人筆記本的世界才得以擴展到如今的規模。所以，創作旅人筆記本的，並不只有我們，而是由所有共享相同價值觀的夥伴們一起完成的。

在製作希望大家能與旅人筆記本一起使用的黃銅周邊產品，以及有如師弟的線圈筆記本時，我們統稱這些產品為「TRAVELER'S notebook & Company」。這個夥伴，指的既是「產品」的夥伴，同時也包含了支持旅人筆記本的所有「人類」夥伴。

後來，我們要把品牌名從MIDORI獨立出來時，就決定省略上面這個稱呼，訂為「TRAVELER'S COMPANY」。在這裡，COMPANY的意義不是「公司」，而是「夥伴」。翻成日文，就是「旅人的夥伴」。我個人非常喜歡。

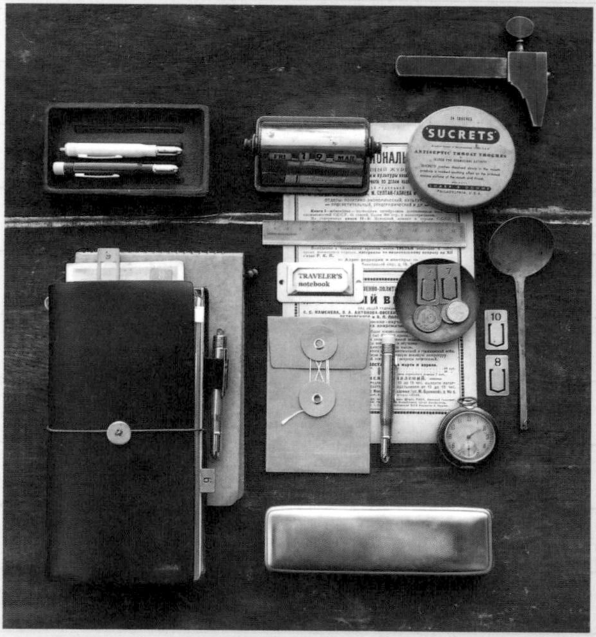

5.

Customize

大幅提升使用的樂趣

筆記本是非常私人的物品。當然沒有必要給其他人看。
不過正因為是陪著我們度過每一天的物品，就會想要按自己的喜好來改造它。
在本章中，我們將介紹改造筆記本的好點子，以及文具與內頁的組合，
讓使用者享受為TRAVELER'S notebook旅人筆記本染上個人色彩的樂趣。

CUSTOMIZE

01

改造筆記本能轉換心情 只要想到就會動手試看看

成田秀／空間設計公司職員

在鳥取的青蛙工房買的
蜥蜴吊飾

TRAVELER'S FACTORY的
聖誕節限定皮標籤

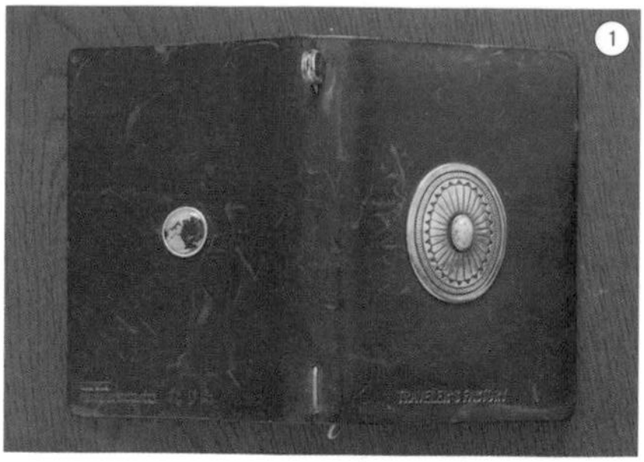

1｜Passport Size的封面，刻意拆掉了橡皮繩，並在固定橡皮繩的洞裡裝上別針。2｜在銀座的安藤七寶店購買的貓頭鷹墜飾。3｜成田先生用細目的砂紙輕輕研磨皮革封面，相當喜歡它那霧面的質感。4｜想著「或許能用在某處」而收集的物件們。

從事空間設計工作的成田秀，製作東西是他的強項。自家的客廳裡，擺著用舊木棧板自製的櫃子，上頭陳列著用木棧板邊角料製作的筆記本架，還有用木材打洞做成的筆架。簡直就像是塞滿了成田秀喜歡事物的祕密基地。

「我喜歡做東西，也喜歡破壞東西。小時候總會拆解各種東西，然後就拼不回去了。」他笑說。

被好奇心驅使著行動的性格至今仍然健在，而且似乎也能用在改造旅人筆記本上。一開始是講究橡皮繩的吊飾，三不五時就會替換一下，漸漸地開始在封面裝上飾釦、別針，這種性格漸漸發揮出來，讓他開始動手加工。

「有件我穿了很多年的牛仔褲，要丟掉的時候，想著或許可以用在什麼地方，於是把褲標剪了下來。然後靈機一動，就把它貼在我正在用的皮革封面上。」

把徽章貼在封面上靠的是，名為

不喜歡亮面皮革，喜歡霧面的成田先生。
改造後的皮革封面，每本都帶有濕潤的質感，自然的傷痕很有大人韻味。

5｜陽台植物和廚房景色的素描。利用薄荷錠的空罐做成的顏料盒很可愛。6｜成田秀很喜歡黃銅系列的鋼筆和圓珠筆。筆架是在邊角木料上鑽孔的自製品。

用TRAVELER'S FACTORY紙袋做成的書套。是讓人很想效仿的點子。

Xyron的貼紙機。除此之外，還可以把包裝盒或包裝紙上喜歡的圖案剪下來做成貼紙，並用貼紙收集冊內頁收藏起來。聽他講述這些，可以了解到他有多麼享受旅人筆記本。

「說是個人化改造，對我而言其實像是轉換心情……這樣說可以嗎？」

雖然成田先生不斷提到這句話，但這也正是因為旅人筆記本的輕鬆本質。不用繃緊神經、自由又輕鬆。當然，筆記本的內容，也塞滿了成田先生的祕密樂趣。

CUSTOMIZE

02

筆記本有如時尚的一部分 加入自己的風格並培育它

河合誠／皮革品牌代表

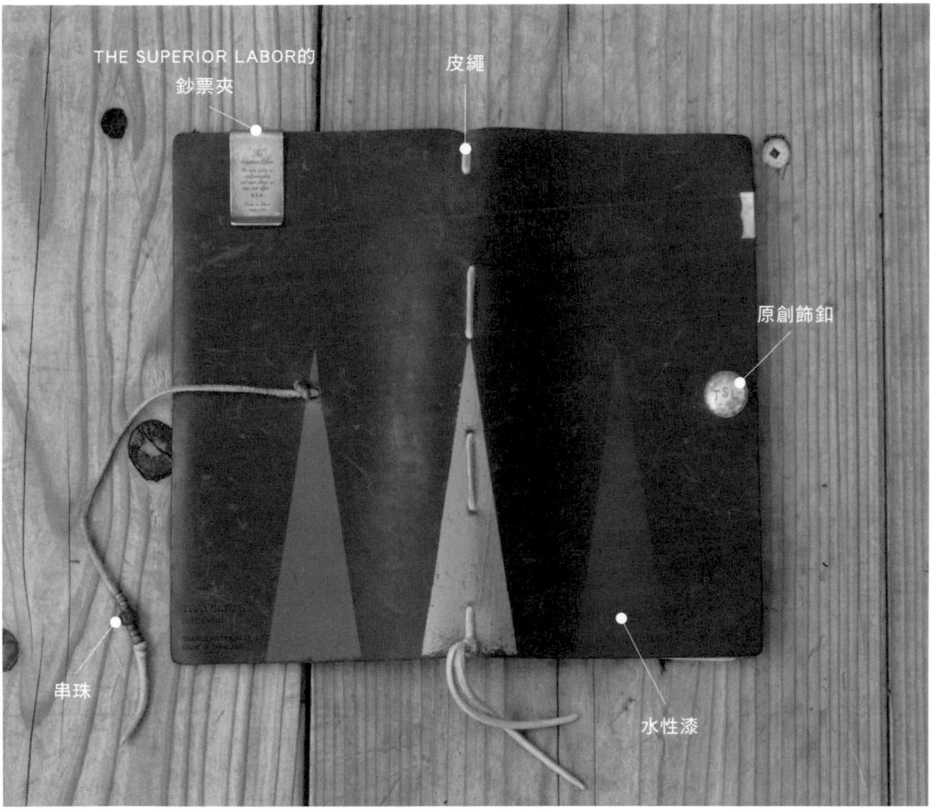

與皮革相當配的黃銅製鈔票夾，是河合誠擔任代表的品牌「THE SUPERIOR LABOR」原創商品。用錐子在皮革封面上打洞，穿過皮繩的設計也帶來很好的視覺變化。

在岡山縣的山間製作皮包、皮革小物販售的河合誠，第一次遇見旅人筆記本時，心裡是這麼想的：「這本筆記本需要想像力。快做點什麼！快點幹點什麼！當時我覺得它在對我這麼說。」瞬間，熱愛手作的血液沸騰了。

河合誠愛用的旅人筆記本，有如豁出去般的改造令人印象深刻。用水性漆塗上三角形花紋的皮革封面，帶來很大的視覺衝擊！「當時的心情是土生土長的美國人。」他這麼說。

「對我而言，筆記本就是時尚的一部分。我想要拿著有自己風格、可以振奮精神的東西。比如去海外旅行的時候，在機場把機票和護照夾在旅人筆記本裡帶著走，光是這樣就讓人感到興奮吧？」

1972年出生的河合誠，據說小時候就經常玩旅行遊戲。把罐頭和飲料塞進泳衣袋裡，然後在河堤上散步。餓了就在巷弄的角落吃罐頭，然後繼續走。

1｜封面的書背也很有個人主張，無論疊起來或豎著排列，都一目瞭然。2｜用於改造的材料包括黃銅、串珠、皮繩，光是這樣看起來，就像是已經搭配好了。3｜只要用紙膠帶貼好框線，徒手也能塗出完美的圖案。4｜最新款的改造封面，是與深色皮革形成強烈對比的漆塗。讓人很期待使用後會如何融合變化。

「要是在現在，應該會被大人臭罵一頓吧，但我那時都會偷偷帶著『肥後守』這種口袋小刀。真的就像在冒險一樣。」

聽河合誠憶當年，我的腦中不禁浮現電影《伴我同行》的世界。

「對！旅人筆記本出現在《伴我同行》裡也不奇怪！」河合誠的聲音興奮起來，繼續說。

「最近我去考了狩獵許可證，想要做一本『獵人筆記』，然後記錄製作生火腿的過程。我也開始做甜點，所以做了一本『認真的甜點筆記』。」

封面的改造點子也不斷膨脹。「下一本封面我想要配合TPO（時間、地點、場合），做成大人風格的改造。要用黑色的皮革封面，就算拿去嚴肅的場子也很適合，這種氛圍也很棒吧！」

對河合誠而言，旅人筆記本就是未來。與時尚一樣，乘著自己心中的流行浪潮，享受當下的改造。手拿著表現自我風格的筆記本，興奮感難以抑制。

5｜夏天在兒童用泳池泡腳寫筆記，是他的標準Style。愛犬Hoover也一起消暑放鬆。6｜最近開始「認真的甜點筆記」。7｜從歷代的改造封面，可以窺見當時的心情。

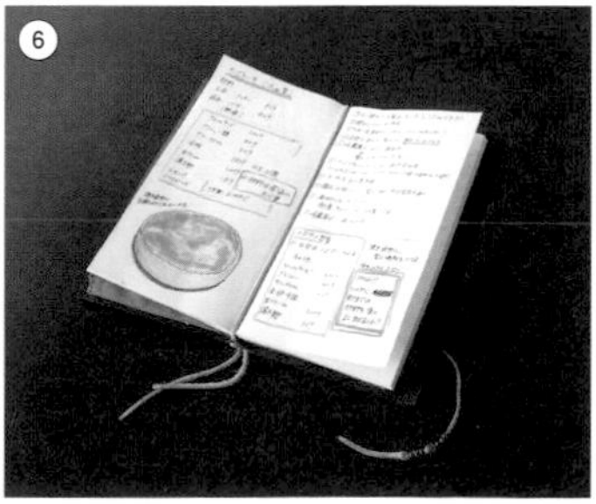

CUSTOMIZE

03

在深色的皮革上裝飾白色吊飾是我的經典

mimi

Instagram：@miiimiii.0303

mimi小姐喜歡古典氛圍和傳統的風格。

「對我來說，筆記本和咖啡是一組的。一邊喝咖啡，被喜歡的文具、雜貨包圍，度過的筆記本時光既是至高無上的療癒，也是我最大的樂趣。簡直就是無比幸福的時間！這就是我的充電法。」

她經常瀏覽海外網站、Instagram、手作品販售平台，除了參考創作靈感，如果發現喜歡的吊飾或小物，也會配合心情買來裝在封面上。

「我喜歡深色封面配白色吊飾的組合。配合季節改變素材和主題……可能就像換季一樣！」

在購物網站Pinkoi上購買的Flower Diary吊飾相當醒目。「白色的乾燥花，是看海外同好貼文得到的靈感。」

用白色蕾絲做成的書籤，星形貝殼讓她相當中意。

CUSTOMIZE

04

收藏慾不斷被引誘

HISHIKI@長聲一發

Twitter：@Schwarz_eins

HISHIKI@長聲一發會利用各種旅行主題小物玩轉改造。「吊飾是在鐵道風格商店買的，也有惠比壽啤酒的贈品，還有轉蛋收集來的。TRAVELER'S FACTORY的成田機場限定徽章，也快要收集到全套了！」

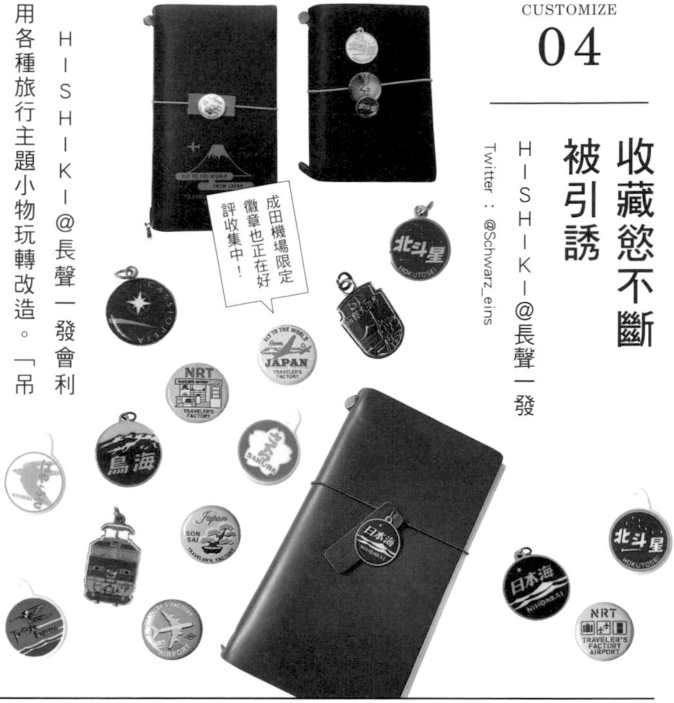

成田機場限定徽章也正在好評收集中！

他親手改造的封面竟然多達14本！「最喜歡的，是行駛在我故鄉函館的SL函館大沼號吊飾。」

CUSTOMIZE

05

在手工藝材料行找到我獨有的改造靈感

明信片華

Instagram：@ehagaki_hana

明信片華開始改造封面的契機，源自於手工藝材料行發現的名牌框，因為附有鉚釘，覺得固定起來應該很簡單，於是就挑戰了。

「幾乎沒看過有人在封面上裝這麼多金屬零件，就覺得這是我專屬的旅人筆記本，對它的感情也更深了。」

1｜筆記本裡是各種茶包標籤的收藏！

手榴彈吊飾也很有喜歡動作片的個人風格。

把鉚釘插進封面裡，在內側折起來固定就OK。雖然安裝很簡單，但怎麼配置卻需要點品味。

享受紙張與文具的搭配性

遇見新的紙張，就會產生新的表現手法。
基於紙的質感、特性，以及每種內頁紙的特徵，
思考「要用哪種文具，要寫什麼」也是一種樂趣。
本篇介紹的搭配一定能成為靈感的提示。

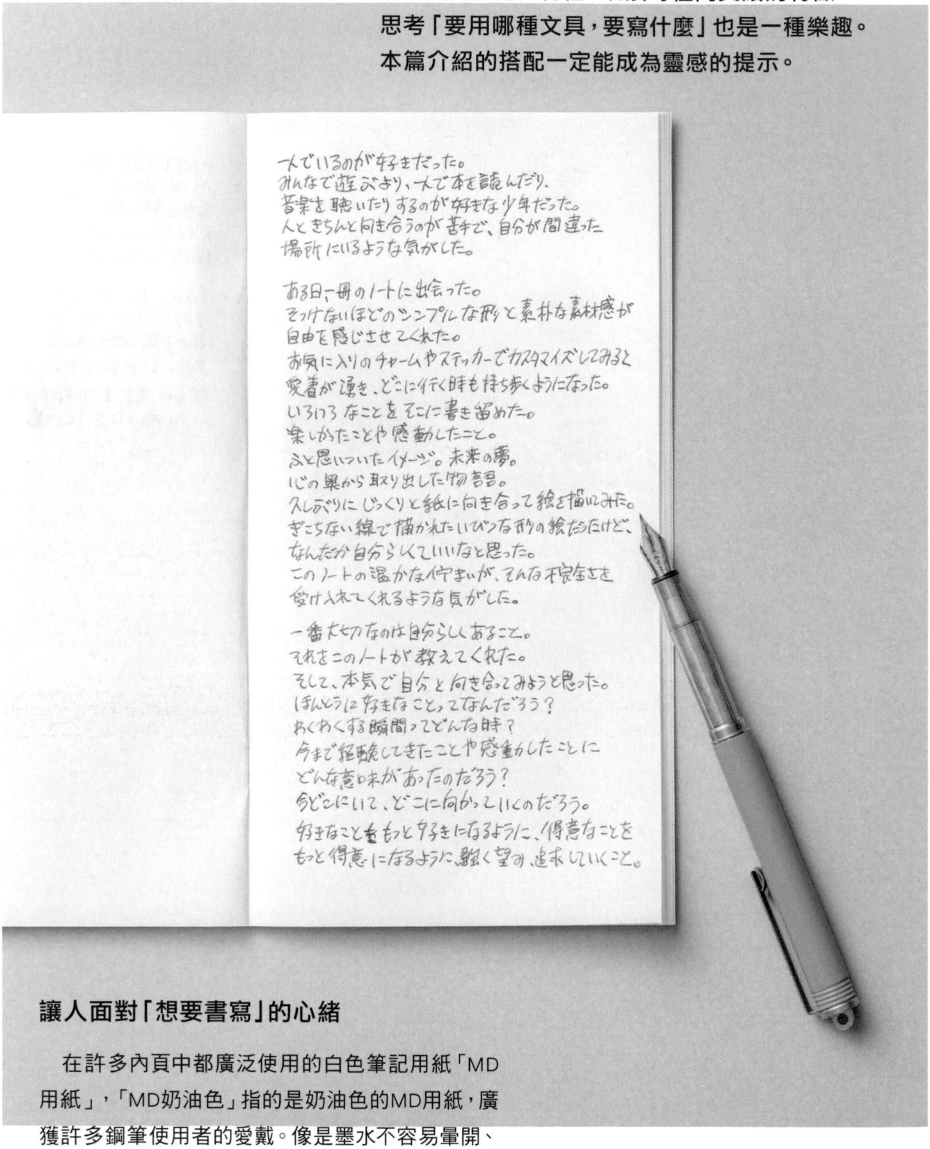

讓人面對「想要書寫」的心緒

在許多內頁中都廣泛使用的白色筆記用紙「MD用紙」，「MD奶油色」指的是奶油色的MD用紙，廣獲許多鋼筆使用者的愛戴。像是墨水不容易暈開、發色良好、寫完即乾，以及不會透到背面等，這款紙材通過了嚴格的檢查標準，實現舒適的筆記性，讓使用者可以認真面對「書寫」的時光。

MD奶油色×鋼筆

誘發意料之外的靈感，粗獷的風情

旅人筆記本的牛皮紙，魅力在於兼顧了自然的風格和筆記舒適度。鉛筆滑過紙面聽到的舒服聲音，以及與之難分軒輊的粗糙素材感，讓人感受到其包容一切的寬大肚量，而這一切都能刺激創造力。腦中浮現什麼就馬上記下，最適合當成靈感筆記本。

牛皮紙×鉛筆・色鉛筆

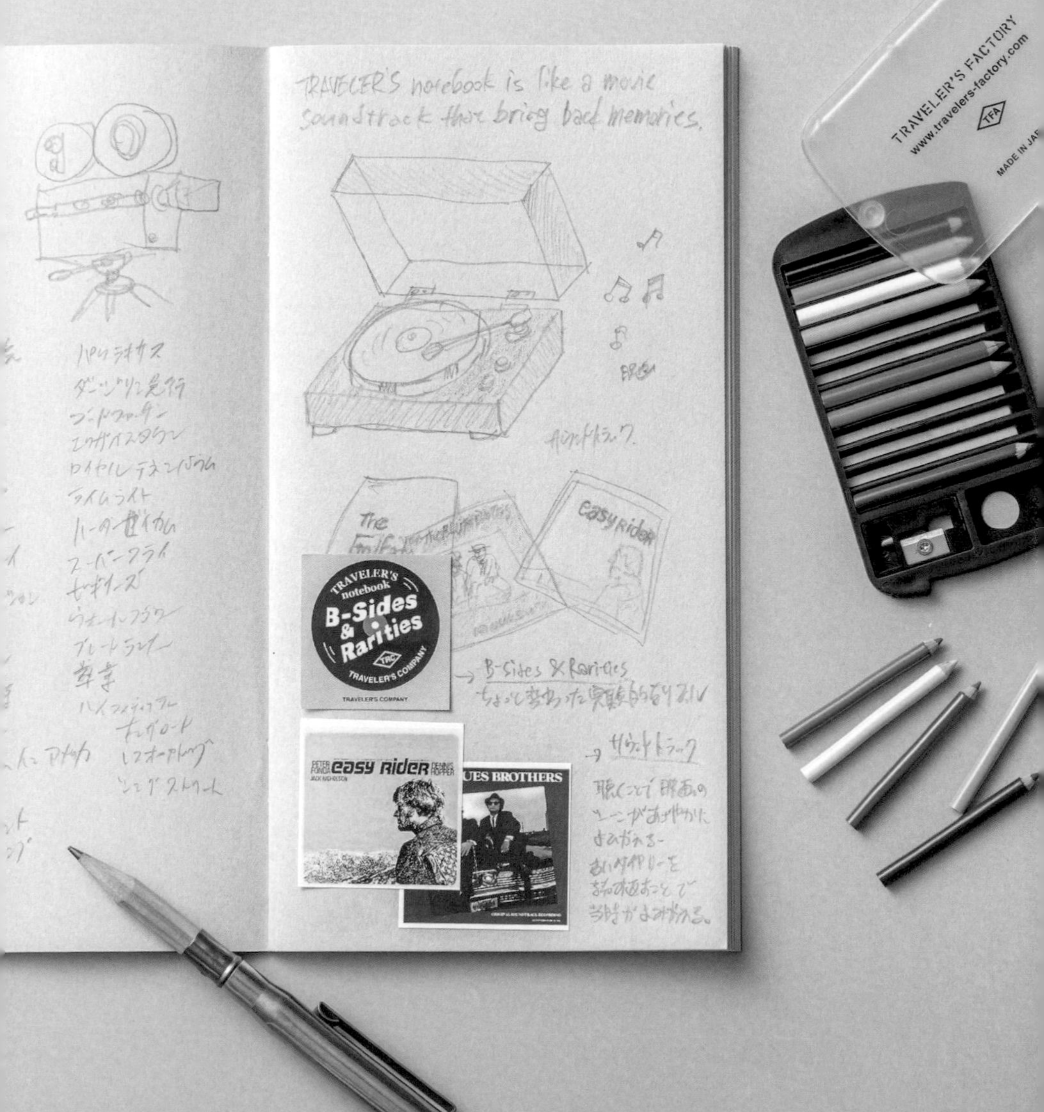

雖然是薄紙卻不易透到背面，可以寫很多東西

無論在工作場合或私生活，只要是想要在筆記本裡寫很多東西的人，都推薦使用這款輕量紙的內頁。因為紙質輕薄，即便厚度和重量大約等於其他款內頁，份量卻是加倍的128頁（Regular Size）。薄紙不免會讓人擔心文字透到背面的問題，但請放心，這款內頁紙在面對鋼珠筆等文具時，都確保了良好的筆記性。

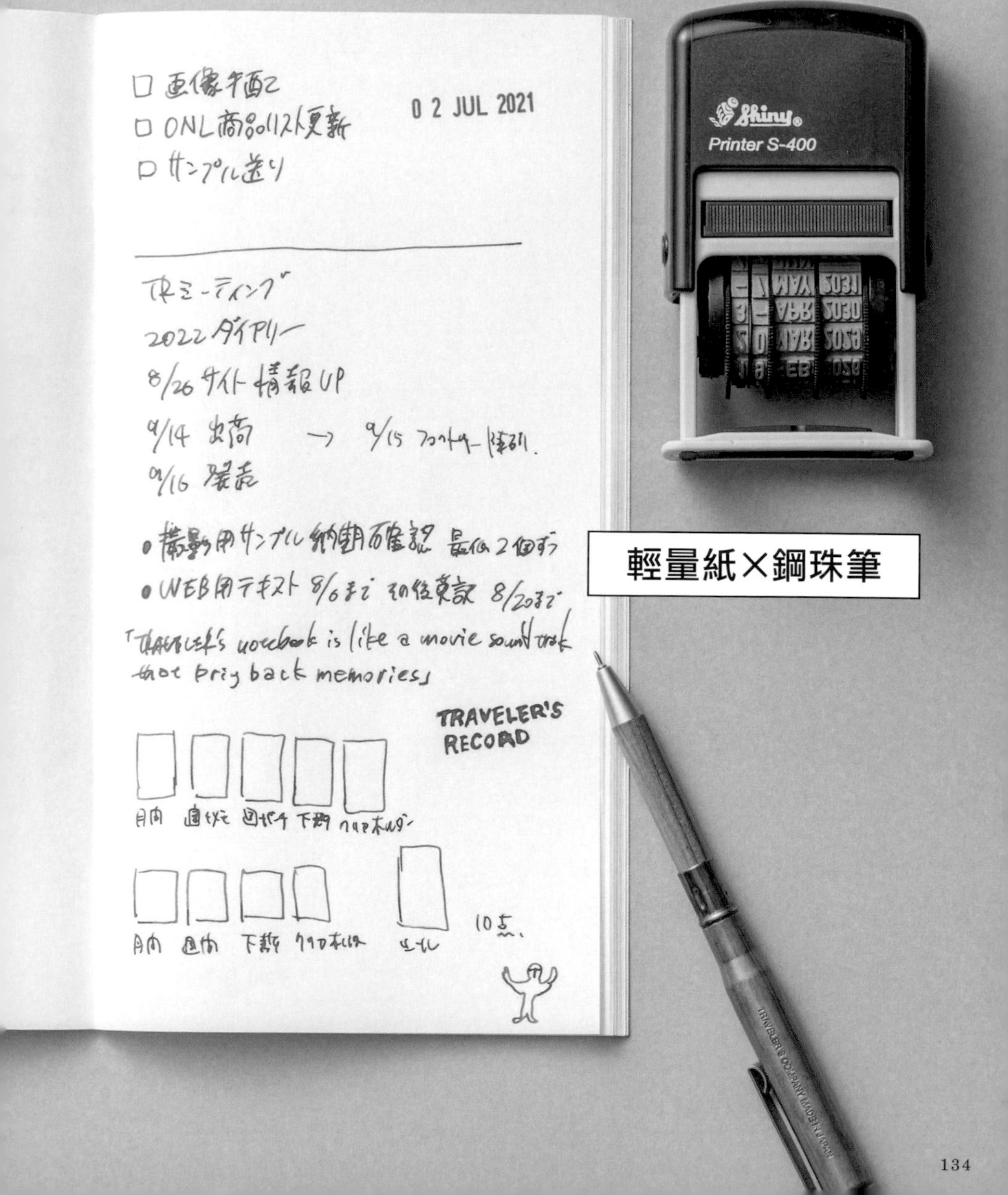

輕量紙×鋼珠筆

水彩紙×水彩畫具

在旅途中，在日常生活裡，繪製水彩素描

在旅程中打動心房的風景，或是常去的公園裡盛放的當季花朵，看見這些「想要畫下來」的光景時，就打開旅人筆記本。裡頭是水彩紙的內頁，即便用筆描邊，疊上數層顏料，紙也不會起毛，發色相當美麗。沿著刀痕撕下內頁，把它當成旅行中的明信片投進郵筒，也是一種樂趣。

ABOUT TRAVELER'S FACTORY

TRAVELER'S COMPANY的直營店——TRAVELER'S FACTORY。
收集了經典款和原創商品等豐富的品項。

TRAVELER'S FACTORY NAKAMEGURO

地址：東京都目黑區上目黑3-13-10
電話：+81-3-6412-7830
營業時間：12:00～20:00
公休日：週二

TRAVELER'S FACTORY AIRPORT

地址：千葉縣成田市成田國際機場
第一航廈中央大樓本館4樓
電話：+81-476-32-8378
營業時間：8:00～20:00
公休日：無

TRAVELER'S FACTORY STATION

地址：東京都千代田區丸之內1-9-1
JR東日本東京車站內B1票閘外（GRANSTA丸之內）
電話：+81-3-6256-0486
營業時間：10:00～20:00（週日、連假最後一天延長至21:00）
公休日：無

TRAVELER'S FACTORY KYOTO

地址：京都府京都市中京區烏丸通姉小路下ル場之町
586-2 新風館1樓
電話：+81-75-241-3003
營業時間：11:00～20:00
公休日：無

●ONLINE SHOP
https://www.tfa-onlineshop.com/

※店鋪資訊皆為2021年8月時之資料，
由於營業型態可能變更，出發前請務必
再次確認。

WORLD REPORT

海外的流行盛況也不輸日本！

旅人筆記本為何不只在日本流行，也能在海外廣為傳播呢——？伴隨著製作者的心聲，本篇將介紹海外的流行盛況。

旅人筆記本現在已經在超過40個國家、地區販售。追根究底，為什麼這本筆記本可以在全世界獲得廣大的愛戴呢？這或許是因為「它本來就不是設計成讓所有人都喜歡的大眾款商品」，製作人飯島淳彥如是說。

就飯島個人的感覺而言，「能接受它的，100個人裡說不定只有1個」。但另一方面，他也認為這一個人心底一定有某處，能與這本筆記本深深共鳴。

在海外舉辦活動，讓製作團隊得以遇見形形色色的使用者。於是他們也發現，面對旅人筆記本的方式，是跨越國界共通的。記錄重要的事物、面對紙張的心情，以及把筆記本當成自己的分身般隨身攜帶，無論在亞洲、歐洲、美國，幾乎沒有什麼地域差異。

「我們的目標不是要把100個人裡有1人的比例勉強拉到2個人，而是藉由讓旅人筆記本擴散到海外，在另一群100個人中，遇到能與我們共鳴，而且之前從未遇到的人。興奮感和希望也因此不斷湧現了。」

以旅人筆記本為契機，讓人與人能連結起來，話題也不斷擴張，正是這本筆記本最有趣的地方。擁有形形色色文化和背景的世界各國，卻有著能分享相同價值觀的夥伴。這是多麼令人開心雀躍的事啊。

WORLD REPORT
(1)

USA

美國

舉辦活動的Ace Hotel大廳，不只是屬於住宿者的空間，也是開放給當地民眾的文化交流場域。參加活動者、當地人，以及來自世界各地的旅人、DJ、咖啡廳工作人員等，各式各樣的人在此交流的模樣，這幅光景正是充滿多樣性的美國本色。沒聽過旅人筆記本的人也因為純粹有興趣，在這裡開心體驗了來自日本的筆記本。

TRAVELER'S COMPANY CARAVAN

@ Ace Hotel Downtown Los Angeles / 2017

戲院售票處變身成為快閃店。在吧台區設置的活頁筆記本自助區，也馬上就因擠滿了當地人而熱鬧非凡。

TRAVELER'S COMPANY CARAVAN

@ Ace Hotel New York / 2017

2年連續在此舉辦活動，第2年有粉絲用「你們又來了嗎？」的溫暖問候迎接我們，也有人帶著前一年製作的筆記前來共襄盛舉。

TRAVELER'S COMPANY CARAVAN

@ Ace Hotel New York / 2016

在世界的重要都市紐約舉辦活動，看見許多人都接受這本筆記本，讓我們確信TRAVELER'S notebook的可能性。

WORLD REPORT
(2)

Taiwan
台灣

TRAVELER'S COMPANY CARAVAN
@ the eslite bookstore / 2016

活動中的隊伍真是綿延不絕。也有很多同好分享自己的筆記本，或向我們搭話，印象非常深刻。

代表台灣的書店「誠品書店」從上市開始，就相當細心地處理我們的筆記本，此外也有許多獨立小店支持著我們，真的是一個筆記本同好眾多的地方。我們曾在台灣舉辦過大約5次活動，當中印象最深刻的，是2016年在誠品舉辦的10週年活動。我們親眼見證了從開店前就大排長龍的欣慰景象。

理想的文具 IN MY LIFE | Ideal Stationery Fair
by the eslite bookstore / 2019

台灣是個溫暖接納TRAVELER'S notebook的地方。在活動中，也推出了以誠品書店形象設計的書車圖案限定商品。

WORLD REPORT
(3)

Hong Kong
香港

LOG-ON是從筆記本上市開始就相當認真對待商品的重要據點。

LOG-ON Carnival / LOG-ON
2019

對TRAVELER'S notebook來說，香港是曾經舉辦過天星小輪、香港電車等多場聯名活動的重要城市。雖然位在亞洲，卻帶有西洋的氛圍，保留許多歷史建築的街景，讓人感覺相當貼近醞釀筆記的世界觀。

TRAVELER'S
STAR EDITION
/ STAR FERRY
2013

為了紀念聯名合作，當時我們包下整艘天星小輪，在船上舉辦活動。據說當時還有人從日本飛來參加。

TRAVELER'S COMPANY
CARAVAN in MADRID
2019

在各家店鋪舉辦了由當地藝術家帶領的工作坊和展覽。

WORLD REPORT
(5)

Spain
西班牙

有許多店家的老闆本身就是TRAVELER'S notebook的愛用者，帶著感情在店裡賣著我們的產品，這也成為在西班牙舉辦活動的動機。活動以帶著地圖巡禮各店的有趣形式舉行。

WORLD REPORT
(4)

France

法國

巴黎和紐約一樣，都是文化的中心地。如同Ace Hotel象徵美國，生活風格選物店「Merci」也是象徵巴黎的場所之一。我們選擇在巴黎最早開始販售TRAVELER'S notebook的這家店，舉辦歐洲首場筆記本活動。

MAISON & OBJET / paris
2018

2018年，我們參加了在巴黎舉辦的設計雜貨家飾展「MAISON & OBJET」。

CARNETS DE VOYAGE / merci
2012

Merci的採購來到日本時，相當欣賞TRAVELER'S FACTORY的空間，以此為開端，得以實現了巴黎場的活動。

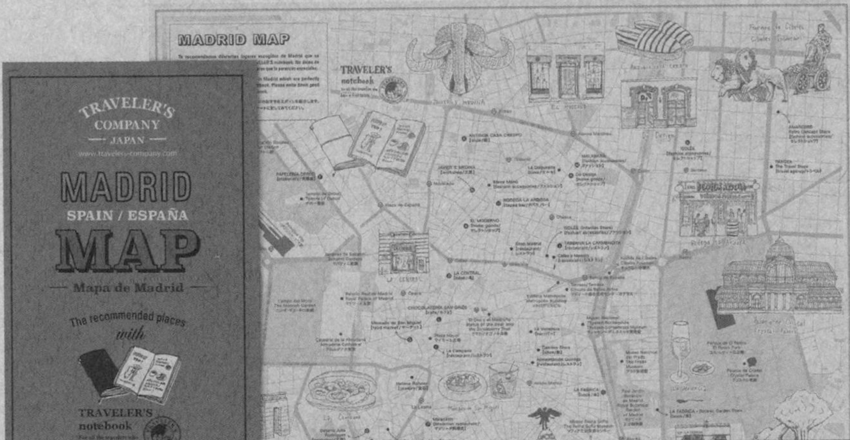

おわりに

KADOKAWAの馬庭さんからトラベラーズノートの本を出版したいというメールを受け取ったとき、正直に言えば、最初はちょっとした不安がありました。誰かと一緒に何かを作るときには、お互いの共感と信頼を何より大切にしてきたからです。

だけど、馬庭さんと実際に会って話をすると、彼女の熱意やこのノートへの深い理解と愛情に共感し、自然と一緒に本を作る話が進んでいきました。この本の著者はトラベラーズカンパニーになっていますが、編集の馬庭さんをはじめ、ライターや写真家、デザイナーなどたくさんの方の協力でできあがっています。まずは、その制作スタッフに感謝申し上げます。

この本は、トラベラーズノートを使ってくれている方々の言葉やそのシーンに最も多くのページを割いています。

それぞれのノートへの向き合い方は千差万別だけど、皆さん共通して自分が好きなことを語っていて、読んでいて幸せな気持ちになりました。

トラベラーズノートは、好きなことを綴るのに適したノートだと思っています。自分の好きを深め追求していくことが、新しい出会いへと導き、暮らしに前向きな変化をもたらしてくれる。この本のゲラを読みながら、改めてそのことを思い出しました。

僕は思春期の頃から音楽が大好きで、何度も音楽に救われてきたし、自分の価値観の多くは音楽で作られたと思っています。そんな中、音楽とは関係がないノートを作ることを生業としてきましたが、お客さまからこのノートと出会うことで人生が変わったとか、楽しいことが増えたというお話を聞いたとき、トラベラーズノートにも音楽と同じような力があるのかもしれないと思い嬉しくなったのを覚えています。そのとき、思春期から今に至るまでのすべての経験が一本の線でつながったように感じたのです。

トラベラーズノートに好きなことを綴ったり、自分好みにカスタマイズしたりすることは、まさにこの線をつなげていく行為なのかもしれません。

トラベラーズノートが15周年を迎えることができたのは、何よりこのノートを手に取り、想いを綴ってくれている方がいたからです。そんな皆さまには感謝の気持ちでいっぱいです。本当にありがとうございます。

そして、この本を手にすることでトラベラーズノートを使ってみようという方がいたら、こんなに嬉しいことはありません。

それでは皆さま、トラベラーズノートと共によい旅を。

トラベラーズカンパニー　飯島淳彦

結語

當初KADOKAWA的馬庭小姐寄來邀請出版TRAVELER'S notebook專書的E-mail時，說實話，一開始我是覺得有點不安的。因為一直以來，只要是跟某人一起做什麼東西，我都最重視彼此的共鳴和信任度。

不過，實際和馬庭小姐談過後，我對她的熱情，以及對筆記本的深刻理解與愛深有同感，自然而然的就聊到要一起做書了。這本書的作者雖然是TRAVELER'S COMPANY，但卻是在編輯馬庭小姐、寫手、攝影師、美術設計等諸多人士的幫忙下才得以完成。首先我要感謝製作團隊。

在這本書中，TRAVELER'S notebook使用者的心得和情境，佔了最多的頁數。

每個人和筆記本的相處模式千差萬別，但讀著大家共同聊著自己喜歡的事物，不知不覺也感染了幸福的情緒。

我認為TRAVELER'S notebook是一本很適合用來填滿自己喜歡事物的筆記本。深入追求自己的嗜好這件事，可以導向新的相遇，也能給生活帶來積極的變化。在讀本書的打樣時，我重新想起了這件事。

我從青春期開始就非常喜歡音樂，也被音樂救贖過好幾次。我覺得自己的價值觀中，有大多數都是音樂帶給我的。明明是這樣，我卻把與音樂無關的筆記本當成人生志業，但我還記得，當我聽到客人們分享遇見這本筆記本後改變人生，或是開心的事情變多了的時候，因為覺得TRAVELER'S notebook說不定擁有和音樂相同的力量，而非常開心。當時的我，覺得青春期至今為止的所有經驗，就像一條線般，全都串起來了。

在TRAVELER'S notebook裡記錄喜歡的事物，或是依照個人喜好改造它，簡直就像是繼續聯繫這條線的行為。

TRAVELER'S notebook能夠迎接15週年，都要歸功於拿起這本筆記本，並把心情記錄下來的每一個人。我對各位充滿了感謝，真的是非常謝謝大家。

以及，如果有讀者藉由這本書，而想要開始使用TRAVELER'S notebook，這將是我最大的喜悅。

最後希望各位，能和TRAVELER'S notebook同行，前往美好的旅程。

TRAVELER'S COMPANY 飯島淳彥

TRAVELER'S COMPANY

目標是製作「讓每天都像旅行的筆記本」，以2006年誕生的「TRAVELER'S notebook 旅人筆記本」為中心，也展開了與筆記本擁有相同概念的文具「黃銅系列」「線圈筆記本」等產品線。隸屬於Designphil股份有限公司的旗下品牌。現在已是廣獲40個國家地區愛用的人氣系列。以筆記本為起點，向使用者提案更有自我特色、更自由的旅行。

https://www.travelers-company.com/

作者TRAVELER'S COMPANY
譯者哲彥
主編吳佳臻
封面設計羅婕云
內頁美術設計林意玲

執行長何飛鵬
PCH集團生活旅遊事業總經理暨社長李淑霞
總編輯汪雨菁
行銷企畫經理呂妙君
行銷企劃專員許立心

出版公司
墨刻出版股份有限公司
地址：台北市104民生東路二段141號9樓
電話：886-2-2500-7008／傳真：886-2-2500-7796
E-mail：mook_service@hmg.com.tw
發行公司
英屬蓋曼群島商家庭傳媒股份有限公司城邦分公司
城邦讀書花園：www.cite.com.tw
劃撥：19863813／戶名：書虫股份有限公司
香港發行城邦（香港）出版集團有限公司
地址：香港灣仔駱克道193號東超商業中心1樓
電話：852-2508-6231／傳真：852-2578-9337
製版・印刷漾格科技股份有限公司
ISBN978-986-289-723-2・978-986-289-724-9（EPUB）
城邦書號KJ2062 **初版**2022年7月
定價420元
MOOK官網www.mook.com.tw
Facebook粉絲團
MOOK墨刻出版 www.facebook.com/travelmook

國家圖書館出版品預行編目資料

TRAVELER'S notebook旅人筆記本品牌誌/TRAVELER'S COMPANY作；哲彥譯. -- 初版. -- 臺北市：墨刻出版股份有限公司出版：英屬蓋曼群島商家庭傳媒股份有限公司城邦分公司發行,
2022.07
146面；14.8×21公分. -- (SASUGAS ;62)
譯自：TRAVELER'S notebook OFFICIAL GUIDE
ISBN 978-986-289-723-2(平裝)
1.CST: 文具
479.9　　111006270